心理励志文丛 | 为心「疗伤」

自我测试的心理学游戏

马 男 / 主编

团结出版社

图书在版编目(CIP)数据

自我测试的心理学游戏 / 马男主编. —北京：团结出版社，2019.1
ISBN 978-7-5126-6595-8

Ⅰ. ①自… Ⅱ. ①马… Ⅲ. ①心理测验-通俗读物 Ⅳ. ①B841.7-49

中国版本图书馆 CIP 数据核字（2018）第 206834 号

出版：团结出版社
（北京市东城区东皇根南街 84 号　邮编：100006）
电话：(010)65228880　65244790(出版社)
　　　(010)65238766　65113874　65133603(发行部)
　　　(010)65133603(邮购)
网址：http://www.tjpress.com
E-mall：65244790@163.com(出版社)
　　　　fx65133603@163.com(发行部邮购)
经销：全国新华书店
印刷：三河市金轩印务有限公司

开本：640 毫米×920 毫米　16 开
印张：15
印数：5000 册
字数：200 千字
版次：2019 年 1 月第 1 版
印次：2019 年 1 月第 1 次印刷

书号：978-7-5126-6595-8
定价：39.80 元

前 言
Preface

你想了解真实的自己吗？你想知道自己的性格有哪些弱点吗？你想知道自己具备哪些成功的潜质吗？你想知道自己在社交上有哪些不足之处吗？你想了解自己在婚恋中处于什么样的状态吗？如此等等，相信很多人都想知道。其实，人的一生，就是了解自己、认识自己和超越自己的过程。当有人问古希腊哲学家泰勒斯，"你认为生活在这个世界上，最困难的是什么？"泰勒斯毫不犹豫地回答道："认识自己是最困难的事情。"的确如此，生活中我们最大的敌人不是对手而是自己，如何才能真实、理性、客观地了解自己呢？

生活中，为你提供了解自己的途径很多，例如自己的感受、他人对你的评价等。但这不是全部，甚至还不能让你信服，大多情况下，自己的主观感受和他人对你的了解仅仅是一个方面而已，对你的全部而言，不过是冰山的一角。

当然，你不用担心，心理学游戏可以帮你打开一扇了解自己的门，从此不再为"我是谁"而苦恼。心理学游戏是一种比较客观的测试方法，是指以游戏、测试的方式，在自然状态下将人的某些心理特征数量化，来衡量人的智力水平和个性方面差异的一种科学测试方法。

基于此,我们推出了这本《自我测试的心理学游戏》——可以说该书完全为你完全量身定做。本书从自我认知、性格奥秘、心理扫描、成功潜质等九个方面对你的人格特征进行全方位扫描,将你的优势和弱点毫无保留地呈现在你眼前。在阅读本书的过程中,你只需根据书中所涉及的问题,认真回答就可以了。

书中所选的心理学测试题,多出自世界权威机构和心理学家的多年研究成果,每个测试都是人们了解自我、认识世界的一个途径。明智的人会利用这些测试题更好地了解自己的优缺点,进而扬长避短、完善自我,走向成功。

目 录 Contents

第一章 自我认知：发现真实的自己

在别人眼中你属于哪种人	002
你的空间判断能力怎么样	003
你的观察能力怎么样	004
你的想象力怎么样	006
你的创意能力怎么样	008
你的心魔是什么	010
你的情商怎么样	011
你说话令人讨厌吗	016
你的"死穴"是什么	018
你是如何面对逆境的	020
你的"野蛮"属于哪一类	021
你是合群的人吗	023

第二章　性格奥秘：你的生命将走什么路线

- 你是否善于协调自己的个性 …… 026
- 你有什么性格弱点 …… 027
- 你的"幼稚指数"有多少 …… 028
- 你是否是一个具备坚韧性格的人 …… 029
- 通过发型看你的性格 …… 031
- 从喜爱的水果看你的性格 …… 032
- 你是否是一个充满自信的人 …… 033
- 从口头禅看你的性格 …… 034
- 你的综合性格是什么类型 …… 035
- 你是否是一个理智的人 …… 039
- 你有双重性格吗 …… 041
- 你是善变的人吗 …… 042
- 你是人群中的大多数吗 …… 043
- 在异性眼中，你有哪些独特的韵味 …… 046
- 你是否足够成熟 …… 049

第三章　心理扫描：心安才能身安

- 你的心理弱点在哪儿 …… 052
- 你对什么有恐惧情结 …… 053
- 你有强迫症吗 …… 054
- 你是偏执的人吗 …… 055
- 你会有自闭的倾向吗 …… 059

你的精神压力大吗	060
你害怕空虚吗	061
你什么时候会紧张	063
你有自杀的倾向吗	065
你害怕孤独吗	066
你是一个自卑的人吗	067
你是乐观主义者吗	069
你是否过于太敏感	072

第四章 成功潜质：成功距离你还有多远

你身上的成功潜质是什么	076
你属于哪种人才	077
你属于哪种创业者	078
你有良好的团队合作精神吗	079
看看你的抱负指数如何	081
你对成功的欲望指数有多高	084
你事业上的软肋在哪里	085
你最欠缺的能力是什么	086
你的竞争意识如何	088
你是如何看待竞争的	090
你具备创业者的潜质吗	091
你奋斗的原始动力是什么	093
你是事业心强的人吗	094
你用什么样的态度做事	097

第五章　为人处世：你是社交达人吗

你的社交能力如何 …… 100
交际能力决定你适合从事什么职业领域 …… 102
你是很世故的人吗 …… 104
你的沟通能力如何 …… 106
你给人的第一印象是什么 …… 110
你会拒绝别人吗 …… 111
你是否有社交恐惧症 …… 112
你如何评价自己和朋友 …… 116
为人处世你该注意什么 …… 117
你与他人是否能和谐相处 …… 120
你的人缘够好吗 …… 123
从吃菜的方式看你的恋爱观 …… 125
你的人际关系协调能力怎么样 …… 126
你喜欢用什么样的方式与人相处 …… 130
你的人际关系合格吗 …… 131

第六章　心态解码：做自己真正的主人

面对危机你可以从容应对吗 …… 134
最不能让你接受的缺点是什么 …… 135
你的心态能保持平和吗 …… 138
你在哪些方面输不起 …… 139
你能保持理智吗 …… 140
面对失败你如何对应 …… 143

什么人让你难以忘怀 …………………………………… 144
现在的生活你满意吗 …………………………………… 146
你的心在慢慢变老吗 …………………………………… 147
当你老了，你会害怕什么 ……………………………… 148
从倾诉看你的心态 ……………………………………… 149
从买彩票看你的心态 …………………………………… 153

第七章　财商探寻：构筑你的财富大厦

你是理财高手吗 ………………………………………… 156
你有多大的赚钱能力 …………………………………… 158
你通常会把钱用在哪里 ………………………………… 159
你的理财类型属于哪种 ………………………………… 162
你对待理财的态度是什么 ……………………………… 164
你对金钱的占有欲有多强 ……………………………… 166
你属于哪种类型的"月光族" ………………………… 167
你有财富焦虑症吗 ……………………………………… 168
你致富的障碍是什么 …………………………………… 171
谁是你在财富上的"贵人"呢 ………………………… 172
你能抵挡住金钱的诱惑吗 ……………………………… 175
你的理财能力合格吗 …………………………………… 179
金钱在你心中占有多大地位 …………………………… 182

第八章　情感透析：婚恋关系需要用心经营

测测你的爱情观 ………………………………………… 184

你求偶不得的原因是什么 ·· 188
你希望爱情是一幅什么样的画 ···································· 191
你们天生是一对吗 ·· 194
对方迷恋你哪一点 ·· 200
你现在渴望结婚吗 ·· 203
你的婚姻质量如何 ·· 204
你的婚姻观是什么 ·· 205
测测你的婚姻幸福指数 ··· 209
你是合格的另一半吗 ·· 212

第九章　职场透析：掌控瞬息万变的职场风云

你有工作的目标吗 ·· 216
你目前的工作有发展前景吗 ·· 218
你的职场优势是什么 ·· 220
你适合在什么样的环境中工作 ····································· 222
让你保持工作激情的因素是什么 ·································· 223
你在职场中有亲和力吗 ··· 225
你升职的几率有多大 ·· 227

第一章　自我认知：
发现真实的自己

　　如果一个人不能正确地认识自我，看不到自我的优点，觉得处处不如别人，就会产生自卑，做事畏缩不前。相反，如果一个人过高地估计自己，也会骄傲自大、盲目乐观。因此，恰当地认知自己，能够克服这些不切实际的想法，还能够全面地认识自己。通过下面的测试，你就能了解真实的自己。

在别人眼中你属于哪种人

或许在我们自己眼中，我们是完美的，是和善且有亲和力的，但在别人眼中的我们可能却是另一番模样。

【游戏测试】

假如你正要乘坐一部电梯，就在你刚来到电梯前，电梯的门就关上了，就因为迟了一步，你不得不再等下一部电梯，在等待的过程中，你会做些什么事？

A. 憋着一股气一直按电梯钮

B. 很不耐烦，时不时地跺脚

C. 漫无目的地东张西望，偶尔瞅瞅周围的小广告

D. 死盯着电梯指示灯，盼着下一部电梯快点来

E. 盯着显示楼层的灯，等电梯门一开就冲进去

【心理分析】

选A：你是个人见人爱的人。在做事情的时候，一旦有了什么想法你就会心无旁骛、全心全意地去做，所以你做事成功的几率很大，这也就为你的好心情打下了基础。在与人相处方面，你总是很有幽默感，待人也非常随和，你周围的人都会把你当作好朋友，所以如果你能够从事多与人相处的行业，那么你的才能就能得到更好地发挥。

选B：你是一个感觉敏锐型的人。你天生就比周围的人感情丰富，感觉敏锐，你不仅具有一眼看穿别人的能力，而且你的第六感也相当准确，所以你更有可能成为一个见解独特、语言犀利的文字

工作者，当然凭你敏锐的洞察力，想要成为一个优秀的艺术家也不是一件太难的事。

选C：你是一个喜欢自我封闭的理性派人士。虽然你的头脑也很聪明，但是你却天生不喜欢交际，你尤其害怕在别人面前暴露缺点，所以，你总是小心翼翼地在自己和周围的人之间筑起一道防护墙，生怕自己平静的小世界会被别人冲破。虽然你这样做只是在保护自己，但是却会让别人觉得你冷淡不可靠近。

选D：你是一个标准型的"闷葫芦"。虽然在人际交往方面，你可以说是非常擅长，你性情善良，坚持与人为善，所以周围的人都很乐意与你交往，因此你也就非常适合扮演一个人际关系协调者的角色。但是，你却又是一个十分"闷葫芦"的人，你不太习惯对别人坦白自己的内心世界，从来不会在与人交流的时候吐露自己的心声，你虽然能够很好地调节别人之间的矛盾，可是却解决不了自己内心的矛盾。

选E：你是一个做事非常小心谨慎的人。"冒险""探险"之类的词语永远不会在你的字典里出现。你做起事来讲究条理分明，瞻前顾后，对于没有把握的事情你从来不会付诸行动。

你的空间判断能力怎么样

空间判断的能力是智力的基本组成部分。智力优秀的人常常被视为空间能力强、具有独创性或丰富想象力的个体。个体间存在着言语功能和空间功能上的差异，由于空间能力更少受到后天教育的影响，因此，测试空间能力水平可以有效地了解人的智力水平。赶快来测一下自己具有怎样的空间判断力吧。

自我测试的心理学游戏

【游戏测试】

下面有5个陈述，结合自身情况，针对陈述的内容作出"非常符合""比较符合""不清楚""不太符合""很不符合"的选择。

1. 做学生的时候，你的立体几何学得很好。
2. 一幅三维度的立体图形，你能在很短的时间内画出。
3. 一提到某一种物体，你就能立即想象出它的立体形状。
4. 你可以很容易地想象出一个盒子展开后的平面形状。
5. 看几何图形的立体感较强。

【评分标准】

非常符合：5分；比较符合：4分；不清楚：3分；不太符合：2分；很不符合：1分。将所得分数相加。

【心理分析】

9分及以下：你的空间判断能力较差；

10~15分：你的空间判断能力一般；

15~19分：你的空间判断能力较强；

20~25分：你的空间判断能力很强。

你的观察能力怎么样

《福尔摩斯探案全集》里描述了这样一个让人记忆深刻的情景：福尔摩斯第一次与华生见面，却立刻道出华生曾经到阿富汗当过军医。这正是敏锐的观察力使然，敏锐的观察力使得福尔摩斯能够通过细节迅速地知道一个人的职业和经历。那么,你是否也有如此了得的观察力呢?

【游戏测试】

请在你认为合理的表述后填写"是",不合理的表述后填写"否"。

1. 当你的话尚未说完时,对方就说"知道了"。这意味着你很有可能被拒绝。( )
2. 初次见面态度就很粗鲁,是内心不安或脆弱的表现。( )
3. 谢绝对方所敬的香烟,而抽自己的烟,是一种不礼貌的行为。( )
4. 如果对方表现得过分热情,那么你很有可能被拒绝。( )
5. 喜欢谈论你的秘密和弱势的人,很可能是你以后的对手。( )
6. 若对方提出苛刻条件,不能说对方就无诚意,也许是对方在探你的底线。( )
7. 采用反驳对方的方式,可以知道对方对问题的关心程度。( )
8. 谈判中,如果对方露出沉思的表情,你应该乘胜追击。( )
9. 在言谈中,模棱两可的表情是对自己缺乏信心的表现。( )
10. 初次见面,不宜和对方过多地谈论自己的过去,因为会显得唐突。( )

【评分标准】

每题后面,填写"是"的得1分,填写"否"的不得分。将所得分数相加。

【心理分析】

8~10分:你是个精明细致的观察者。你善于从细节中观察,只需一眼，就可以让别人的意图和想法无所遁形。这种能力用于社交场合，简直就是所向披靡。不过也不要太自信了，因为彻底了解一个人是需要时间的。

5~7分：你是个很细心的人。你会注意观察对方，但是好像判断并不怎么准确。这是因为你的观察留于表面，而没有透过现象抓住本质，需要多加练习才行。

0~4分：你缺乏敏锐的观察力。你习惯用自己的思路去观察。

你的想象力怎么样

每个人的想象力都是非常丰富的，被称之为我国古代杰出的长篇神魔小说《西游记》，其想象力达到了出神入化的境界，它所创造的一个非现实的幻想世界，是一个以想象为基本内容的神奇天地，形成了高度的艺术美，充分体现了审美想象的创造力。想象力在人们生活中有着十分重要的作用，成为发明和艺术创作的重要条件。做下面的测试，看看自己的想象力有多么丰富。

【游戏测试】

1. 当你受到批评时，你觉得自己做任何事总是不对的。
2. 你经常在脑子里勾画自己未来的画面。
3. 当你看到一个新事物，你会觉得它与你知道的某些东西有相似的地方。
4. 当你与别人争执的时候，你会猜测对方是怎样思考的。
5. 当你初次来到一个地方的时候，你会想象自己居住在这里的情景。

6. 当你要与人讨论一个问题的时候，你会预先想好对方可能想到的几种想法。

7. 你的想法常常获得别人的夸奖。

8. 你经常会做出一些举动，吸引周围人的目光。

9. 如果度假，你更喜欢选择不同的地方。

10. 看电视的时候，你常常被剧情感动得哭。

11. 听别人讲鬼故事，你会觉得十分害怕。

12. 你经常想象自己想知道的事情。

13. 阅读小说时，你会把自己想象成小说中的某个角色。

14. 同事聚会的时候，好玩的点子通常都是你想出来的。

15. 你的幻想是有故事情节的。

16. 当你讲述自己的经历时，为了吸引别人的注意力，你会故意夸大其词。

17. 看《海的女儿》时，你觉得人鱼公主应该有更好的结局。

18. 在见一个陌生人之前，你会想象自己与他相见的情景。

19. 当同事一脸不高兴地走进来，你会不断猜想原因。

20. 如果家人很晚还没回家，你会不断猜想家人可能在做什么。

21. 你喜欢玩拼图。

22. 你常想一些不会在自己身上发生的事情。

23. 你常常幻想自己成为众人瞩目的人物时的情景。

24. 你会把歌词改成自己喜欢的词。

25. 你喜欢回想别人与你聊过的事情。

【评分标准】

与上面所描述情况相符的得 1 分，不相符的得 0 分。将所得分数相加。

【心理分析】

0~8分：你的想象力真的不太好，你是一个很实际的人。

9~17分：你有一定的想象力，可以站在别人的立场上去思考问题。但要注意不要总是空想，白日梦做多了也不好。

18分及以上：你有非常出色的想象力，具有一定的艺术天赋。不过要小心想象过于丰富，从而引起对外界事物过敏症状。

你的创意能力怎么样

一个好的创意需要综合运用逻辑思维、形象思维、发散思维、系统思维和直觉、灵感等多种认知方式。虽然看起来似乎不容易，但是好的创意确实能为个人发展带来新的契机。创意是一种不可忽视的思维能力。做下面的测试，看自己是否具有这种能力。

【游戏测试】

1. 你喜欢的音乐是固定的风格吗？

A. 是的　B. 凭感觉，有些歌一听就会马上爱上它　C. 不固定

2. 你通常多久去逛一次百货公司？

A. 已经很久没去了

B. 不会主动去，路过会去看看

C. 闲着没事就可能会去逛逛

3. 听说难得的狮子座流星雨要来了，你的反应是怎样的？

A. 没兴趣　　　　B. 会看看新闻转播

C. 如此浪漫，一定要留下珍贵的回忆

4. 如果你买了私家车，你会怎样做好它的防盗工作？

A. 多装几道锁　　B. 另外加装一道安全锁　　C. 只锁基本配备锁

5. 你会在空闲时间在家附近遛马路吗？

A. 会在附近绕圈子

B. 会跑去比较远、平常较少去的地方

C. 会跑到从来没去过的地方

6. 你平均每次用多久的时间到达工作地点？

A. 10分钟以内　　B. 10~30分钟　　C. 超过半小时

7. 早上起床的时候，会有不想去公司的感觉吗？

A. 难免，不过次数不太多　　　　B. 次数不少

C. 只有阴雨天才会不想去公司

8. 你有饲养宠物的习惯吗？

A. 是的　　B. 有养，但是它们的一些毛病会让我很烦　　C. 没有

9. 如果可以在台湾101大厦租个楼层来工作，你会怎么选择？

A. 50层，安静、安全，视野也不错

B. 顶层，我喜欢站在最高点的感觉

C. 一层，这样我到哪里都会比较方便

10. 你在沐浴的时候，一般从什么地方开始清洗？

A. 脸　　　　B. 胸部　　　　C. 私密处

【评分标准】

选A得1分，选B得3分，选C得5分。将所得分数相加。

【心理分析】

40分及以上：灵思泉涌型。在你看来，生活中到处都是让你产生灵感的事物，即使一件很小的事情，一个很小的物体，也能够让你灵思泉涌。你是个创造力很强的人。

30~40分：脱颖而出型。你是否已经注意到了呢？你的idea常常能够吸引别人的目光。别出心裁，独具特色是你创意的个人风格。

20~29分：老谋深算型。你不是没有创意，不过你习惯事前把什么都考虑在内，这样反而让你缚手束脚，甚至难以充分发挥自己的创造力。一句话，放开手脚干吧！

20分及以下：真才实干型。在你看来，与其一天到晚搞什么创意，弄什么求新，不如踏踏实实地干好本职工作，增强自己的技能或者增加自己的知识修养。不过千万不要对创意嗤之以鼻哦！要知道很多奇迹都源于创意。

你的心魔是什么

即便你只想做一个普通人，也会遇到心中的魔鬼。或许，这个魔鬼就是你自己，又或许是其他的人、事物。接下来我们就测试一下你心中的心魔究竟是什么吧！

【游戏测试】

假如你是一只猫，你会用充满好奇的眼神看以下的什么事物？

A. 崭新的小熊玩偶　　　　B. 一盘美味的鱼肉大餐

C. 邻居家偷跑进来的小狗　D. 家里来的新客人

【心理分析】

选A：你心中有"贪玩的恶魔"在作祟

娱乐和享受在你的生活中占有非常重要的地位，所以，在那些忙里偷闲的人当中总是少不了你的身影，面对灯红酒绿的各种娱乐方式，你更是禁不起诱惑。对你来说，快乐就像阳光、空气一样，不可缺少！但是你要注意了，千万不要因此而将你的学业与工作荒废掉。

选B：你心中有"华丽的恶魔"在作祟

当心金钱和物质欲望会成为你心中挥之不去的恶魔，虽然你有俭约意识，但为的是花更多的钱，买更好的东西，所以，你自然而然就成为月光一族了。当你身上所剩无几时，你就会再次向钱看齐。建议你赶紧改掉这个致命的缺点。

选C：你心中有"好妒的恶魔"在作祟

你的嫉妒心很有可能遭到太多人的厌恶。你十分好胜，脾气又不好，总让自己处在心浮气躁的状态中，常常是累了自己，又得不到好处。你的人际关系会因此而陷入低谷。建议你学着去欣赏别人，因为一个人的胜利永远都不会精彩。

选D：你心中有"失败的恶魔"在作祟

你是那种在困难面前感到无助之人，对于能否战胜困难，你经常抱有消极心理，你也因此而错失好多机会。建议你去尝试新的事物、新的挑战，别再怕东怕西、犹豫不前了，难道你还要继续原地踏步吗？其实，很多事情并没有你想象中那么困难，当你真正去做的时候，你会发现车到山前必有路。

你的情商怎么样

1990年，美国的两位心理学家一个叫作比德·拉勒维，一个叫作约翰·麦耶，他们提出了"情商"这个词，即我们常说的EQ。情绪商数、情绪智力、情绪智能、情绪智慧，也就是我们经常说的理智、明智、理性、明理，主要是指信心、恒心、毅力、忍耐、直觉、抗压力、合作精神等一系列与人素质有关的个人表现。EQ 是一个人感受理解、控制、运用表达自己以及他人情绪的一种能力。下面是流行于欧洲的一个 EQ 测试游戏，可以帮助读者了解自己的 EQ 状况。

本测试共 33 题，测试时间 25 分钟。如果你已经准备就绪，请开始计时。

【游戏测试】

第 1~9 题：选择一个和自己最相符的答案，但要尽可能少选中性答案。

1. 不管面对什么困难，我都可以克服。

A. 是的　　　B. 不一定　　　C. 不是的

2. 如果来到一个全新的环境生活，我会把生活安排得：

A. 和从前相仿　　B. 不一定　　C. 和从前不一样

3. 人生虽然很短，但是我认为我能够在有生之年达到自己预想的目标。

A. 是的　　　B. 不一定　　　C. 不是的

4. 不知为什么，有些人总是回避或冷淡我。

A. 不是的　　　B. 不一定　　　C. 是的

5. 在逛街的时候，如果碰到我不愿意打招呼的人，我都会避开。

A. 从未如此　　B. 偶尔如此　　C. 有时如此

6. 如果有人在我工作的时候高谈阔论，我会：

A. 仍能专心工作

B. 介于 A 与 C 之间

C. 不能专心且感到愤怒

7. 我是一个方向感很强的人，不论到什么地方，都能清楚地辨别方向。

A. 是的　　　B. 不一定　　　C. 不是的

8. 对于自己所学的专业和所从事的工作，我充满了热爱。

A. 是的　　　B. 不一定　　　C. 不是的

9. 我的情绪不会受气候变化的影响。

A. 是的　　　B. 介于 A 与 C 之间　　　C. 不是的

第 10~29 题：请如实选答下列问题。

10. 对于流言蜚语，我通常都不会计较，也不会因为它们而生气。

A. 是的　　　B. 介于 A 与 C 之间　　　C. 不是的

11. 我能够控制自己不让自己的情绪显露在脸上。

A. 是的　　　B. 不太确定　　　C. 不是的

12. 睡觉的时候，我通常都是：

A. 极易入睡　　　B. 介于 A 与 C 之间　　　C. 不易入睡

13. 当我受到别人的打扰时，我会：

A. 不露声色　　　B. 介于 A 与 C 之间　　　C. 大声抗议，以泄己愤

14. 当与人发生争论或者工作失误之后，我会有震颤、精疲力竭的感觉，甚至不能继续安心工作。

A. 不是的　　　B. 介于 A 与 C 之间　　　C. 是的

15. 我常因一些无谓的小事而困扰。

A. 不是的　　　B. 介于 A 与 C 之间　　　C. 是的

16. 如果可以选择，我会选择居住在僻静的郊区，而不是嘈杂的市区。

A. 不是的　　　B. 不太确定　　　C. 是的

17. 我有过被朋友、同事起绰号挖苦的经历。

A. 从来没有　　　B. 偶尔有过　　　C. 这是常有的事

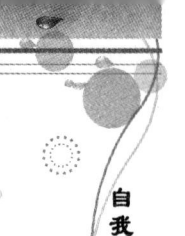

18. 如果让我吃某一种食物，我会有呕吐的感觉。

A. 没有　　B. 记不清　　C. 有

19. 我的心中只有我所看见的世界，而没有另外的世界。

A. 没有　　B. 记不清　　C. 有

20. 我会想若干年后，我会为什么事情而不安。

A. 从来没有想过　　B. 偶尔想到过　　C. 经常想到

21. 我常常会有家人对我不好的感觉，但是我又确切地知道他们的确对我好。

A. 不是的　　B. 说不清楚　　C. 是的

22. 每天我一回家就立刻关上门。

A. 不是的　　B. 不清楚　　C. 是的

23. 即使我坐在关着门的小房间里，我仍然会有不安的感觉。

A. 不是的　　B. 偶尔是　　C. 是的

24. 我认为做决定是一件困难的事情。

A. 不是的　　B. 偶尔是　　C. 是的

25. 我总是用抛硬币、翻纸、抽签之类的游戏来预测凶吉。

A. 不是的　　B. 偶尔是　　C. 是的

第 26~29 题：本组测试共 4 题，每题有两种答案，分别是"是""否"，请填写与自己最切合的答题。

26. 早出晚归工作的我，早上起床的时候总是感到疲惫不堪。（　　）

27. 在某种情况下，我会被困惑扯入空想之中而耽误了工作。（　　）

28. 我的神经脆弱，稍有刺激，我就会战栗。（　　）

29. 我时常被噩梦惊醒。（　　）

第 30~33 题：本组测试共 4 题，每题有 5 种答案，分别是"从不""几乎不""一半时间""大多数时间""总是",请填写与自己最切合的答案。

30. 我愿意接受具有挑战性的工作。（　）
31. 我常发现别人好的意愿。（　）
32. 我是个很善于纳谏的人,从善如流。（　）
33. 我时常勉励自己,觉得未来充满了希望。（　）

【评分标准】

计分时请按照记分标准,先算出各部分得分,最后将各部分得分相加,得到的那一分值即为你的最终得分。

第1~9题,每回答一个A得6分,回答一个B得3分,回答一个C得0分。

第10~25题,每回答一个A得5分,回答一个B得2分,回答一个C得0分。

第26~29题,每回答一个"是"得0分,回答一个"否"得5分。

第30~33题,从不——1分,几乎不——2分,一半时间——3分,大多数时间——4分,总是——5分。

最后将所得分数相加。

【心理分析】

如果你的得分在90分以下,说明你的EQ较低。你常常不能控制自己,很容易被自己的情绪所控制。你容易被激怒、动火、发脾气,显得很急躁,你的事业很有可能因此而毁于一旦。要控制自己的情绪,最好的办法就是保持冷静,使自己性情开朗。当你要失控之前,请深呼吸。

如果你的得分在90~129分,说明你的EQ一般。对于同一件事，你不同的时候可能会有不同的表现，这与你的意识息息相关。当你注意的时候，就能很好地控制自己的情绪；反之则会情绪失控。因此你需要多加注意、时时提醒。

如果你的得分在 130~149 分，说明你的 EQ 较高。你快乐乐观，不易恐惧、担忧。对于工作你很有责任心，也能够热情投入。你为人正直，关怀他人，极有同情心。这是你的优点，应该努力保持。

如果你的得分在 150 分以上，那你就是个 EQ 高手，你的情绪智慧会给予你的事业莫大的帮助，让你早日成功。

你说话令人讨厌吗

每个人说的话都有不合时宜的时候，可能你也会因此得罪很多人。你想做一个言不达意的人呢，还是一个口吐莲花而左右逢源的人呢？首先就来了解一下，你的言语是否让人讨厌，然后去找解决的方法。

【游戏测试】

1. 你的朋友为脸上的青春痘、粉刺而心烦，你会对她说什么呢？

A. 没关系的，楼上的一个女孩比你严重多了

B. 你的脸上很不错啦

C. 不用担心，过些天会好的

2. 一位目前状态很差的同性朋友总是在你面前说自己太笨，什么都做不好，而你也觉得他实在是不够优秀。当他向你寻求支持时，你会告诉他些什么呢？

A. 你真是太不完美了，到今天这个地步，都是你自己造成的

B. 你别太自责了，这不是你的错

C. 任何人都不会事事顺利，这是很正常的状态

3. 你的两个个性差异很大、爱好也各不相同的朋友成了夫妻，当你无意中得知了这件让人想象不到的事情后，你会告诉他们些什么呢？

A. 没想到呀，无论如何，真心祝福你们

B. 我从一开始就认为你们两人十分合适，你们一定会是幸福的一对

C. 这实在是一件好事情

4. 你的一位女性朋友因嫌自己过于肥胖，须严格控制体重。一段时间下来，她自我感觉减肥颇见成效，并经常自鸣得意地表示她现在状态好多了，可你并没看出她与以前有任何区别，此时你会如何回应她？

A. 直接说出她的努力没有效果，还和过去一模一样

B. 比较有策略地表达出自己的看法，告诉她也许今后会变好的，现在和过去好像差不多

C. 的确，接着加油吧，你会成功的

5. 一位非常熟识的好朋友做了一个新发型，你觉得还不如以前好看。她自己也自嘲地说："没办法！简直难看死了。"这时你会说什么？

A. 我觉得也是

B. 还不错嘛，样子很可爱的

C. 别那么想呀，还可以，你的样子不会把小孩弄哭的

6. 一位比你年长很多的忘年交笑着说："我已经68岁了，真不知道明年这个时候，我是否还能在这儿和你说话。"这时你会说什么呢？

A. 生死由命，如果老天爷让你现在就去见他，谁都无能为力

B. 别那么想啊，你的身体比我还棒呢，一定能长命百岁的

第一章　自我认知：发现真实的自己

C. 在我的印象里，你永远都是快乐、健康的

7. 不少人把看望亲朋好友当成一种不得不承担的责任，如果有朋友问你是否情愿工作也不愿意去串门时，你会如何回答？

A. 的确如此，不过如果我答应了去你家看望你，那就一定会说话算数的

B. 你怎么会这么想呢，我是很愿意来你家看你的

C. 我从来没有这样觉得，看望朋友是一种乐趣

【评分标准】

选A得3分，选B得1分，选C得2分。然后，把分数相加在一起得到最后的总分，看看你在下面哪个区域中。

【心理分析】

10～15分：你很会说话。有时甚至可以说一些善意的谎言，所以你不必为自己有可能伤害别人而担心。

16～18分：偶尔会得罪人。如果在说话前再多些思考可能效果会更好。

19分以上：你很容易得罪人。你的言谈很容易在你并不察觉的情况下得罪人，这是因为你说话过于直接，让人接受起来有一定难度，但这说明你是个有口无心的人。

你的"死穴"是什么

既然每个人都有"死穴"，也就谈不上什么不可见人。当你极力去掩盖一件事情时，就容易引发欲盖弥彰的结局，所以，不如坦然

待之。在你内心里不为人知的"死穴"是什么呢?我们不妨通过下面的小测试来找到答案吧。

【游戏测试】

如果你新买的小狗因怕生而躲了起来,你想它会躲在哪呢?
A. 床底下　　B. 书桌下　　C. 镜子后面　　D. 电视机后面

【心理分析】

选A:你的"死穴"是恋爱

或许是因为你在恋爱中有过创伤吧,你在和恋人相处的过程中极为谨慎,更准确地说是患得患失。这种行为令你十分难堪却又无奈,所以,如果你不再渴望补上你的"死穴"的话,那你就试着改变自己的恋爱心理吧。

选B:你的"死穴"是气质

你十分向往自己能拥有气质,当身边的朋友谈论它时,你会觉得气质不够而有所自卑。不过,你要相信,气质是可以通过努力得到的。

选C:你的"死穴"是外貌

你对自己的外貌没有信心,很多时候,你会因此而无法积极行动。但是你要知道,外表不是唯一的,每一个人都有自己的优势,也要懂得发挥自己的优势。

选D:你的"死穴"是人际关系

你不擅长与人沟通,说话时经常会过分紧张,或是常常在冲动之下,说了不该说的话,不能很好地将自己的想法与感受传达给别人,总是造成误会。所以对你的建议是先试着从身边的人开始,主动和他们谈话,努力练习说话,提高自己的表达能力。

你是如何面对逆境的

美国优秀小说《汤姆叔叔的小屋》中汤姆叔叔的原型乔·塞·亨森原是一名黑奴,他在历尽曲折道路、战胜重重逆境而获得人生的成功后,坎特博雷主教问他:"先生,你是从什么大学毕业的?"亨森回答道:"逆境大学。"那么当你遭遇逆境的时候,你会怎样面对它呢?

【游戏测试】

在梦中,一位仙女告诉你,要送你去一个地方,于是她将魔法棒一挥,你感觉眼前出现一片刺眼的亮光,然后你就失去了知觉。这时,你最希望自己在什么地方醒过来?

A. 青葱的草原平地　　　B. 柔软的湖畔湿地

C. 玉树临风的山顶　　　D. 高耸的华厦顶楼

【心理分析】

选A:你希望自己能过平凡顺遂的人生。面临逆境,你会努力使自己维持在正常的轨道中,这样你会重新寻找到一个平衡的、规则的生活状态。

选B:你拥有很强的忍受力。在逆境中,你选择逆来顺受,你相信流淌的时间会让一切都过去,虽然偶尔也希望自己能够有所突破,但是仍然不会有太大的改变。

选C:你是个相当积极乐观的人。你认为逆境中隐藏着人生的契机,因此在逆境中,你常常大刀阔斧地对情况进行着改变。而事实上你也有化腐朽为神奇的力量,你常常将危机化为转机,在逆境中兴奋地走一遭,为自己的人生注入新的体验。

选D:你是个相当有抱负的人。你的人生目标就是功成名就。当你处于人生逆境的时候,尽管你心中百般恐慌,但有野心支持着你,所以你仍旧会凭着自我的机智与耐力,去渡过难关。你的目标远远不只渡过逆境那样简单,你早已计划好如何让自己不停地奔向远方了。

你的"野蛮"属于哪一类

相信大家都看过电影里的野蛮女友,她们"野蛮"且可爱,但"野蛮"也分很多类型,下面就来测测你的"野蛮"属于哪一类。

【游戏测试】

当极度口渴的你行走在非洲的大沙漠上时,你发现沙漠中有个卖水的婆婆,可是你们语音不通,听不懂彼此的语言,这时你会想到用什么方法让她明白你的意思?

A. 用手比划或作手势　　　B. 画图告诉她
C. 找个人来帮忙告诉她　　D. 算了,忍一下吧
E. 边比划边说

【心理分析】

选A:你属于"闷暴型"的人

在你与别人发生矛盾时,你会选择冷战,同时你会拿东西撒气。或许,你应该认真反省一下,因为冷战对谁都没有好处,弄不好还

会化友为敌，所以，你不如把心中的不满说出来，谁对谁错做个了断，不然，大家整天看你阴沉的脸，最后只会离你而去。

选B：你属于"待暴型"的人

你是一个聪明的人，很少大呼小叫，在矛盾面前，会尽量掩饰自己的不快，只有时机成熟之时，你才会站出来名正言顺地告诉对方你不是好惹的。所以，与你相识的人都知道你是"一只不会发威的老虎"，而不是"一只表面上的病猫"。

选C：你属于"自暴型"的人

你是那种容易自暴自弃的人，有时甚至可能出现自残行为。你的心里素质不好，也没有足够的抗压能力，或许这些都跟你的内向型性格有关系，但是你要看看那些活得快乐的内向者，他们往往是用埋头苦干代替自暴自弃，同时你也要学会转移压力。

选D：你属于"口暴型"的人

你是那种言语犀利之人，你讨厌行为上的暴力，或许这也正是你在语言上有暴力倾向的原因。当你抓住对方的软肋时，绝不会轻易放过，那正是你的用武之地。结果虽然你胜利了，但却不是真正的胜利，因为大家都不喜欢你的刻薄，所以建议你学着将自己温柔的一面展示给众人。

选E：你属于"突暴型"的人

基本上你和"待爆型"的人很像，只有忍无可忍的时候才会突然爆发，否则是不会端着脸给人看的。不过比起第二种类型的人的伺机爆发，你就显得十分没有"心机"，或许这是因为连你自己都不知道你何时会爆发，所以，你要学着控制自己。

你是合群的人吗

合群并不代表群居。如果你是一个独处惯了的人,那你不妨挖掘一下你的合群意识,因为独处之所以有意义,是因为它始建于合群之上,只有合群的独处才能既不让人感到孤独,又可以保证心理轻松。你是一个合群的人吗?接下来我们不妨一起做个测试,帮你找到答案。

【游戏测试】

如果你和朋友约会去参观一个美术馆,而且之前你从来没有来过这个美术馆,到了之后,你发现进门后有左、中、右3个参观方向,你会从哪里开始参观呢?

A. 进门后向右参观

B. 进门后向中间方向直行

C. 进门后向左参观

【心理分析】

选A:你是一种最常见的比较合群的人。你在不去引人注目的同时,也能在既定的范围内自得其乐。对于心中出现的不满与不平,你能在不影响他人的情况下妥善处理。你不会向大众意见挑战,这似乎也说明了你的消极一面,所以,建议你做一点改变。

选B:你喜欢从正中央开始参观,这就说明你是一个喜欢直截了当地表达自己欲望的人。不过,你的行事似乎缺乏计划性,大有侥幸意味,而且,你对事情的过程并不在乎,所以你无法体验过程带给你的快乐。或许，你有被人说成是少一根筋的时候。

选C：你是极不合群的一种人。"有个性"，但实际上并不尽然，因为你的本质是讨厌与他人为伍，你的内心充满反抗情绪，有的时候你会因为敏感而在人际关系中处于被孤立的地位，所以建议你学着去与他人相处，如果你做不到的话，就要通过努力得到别人对你某一方面的认可。

第二章 性格奥秘：你的生命将走什么路线

性格是一个人对现实的态度以及与这种态度相应的行为方式表现出来的人格特征。你了解你的性格吗？你知道你是一个怎样的人吗？你清楚你有哪些优点和缺点吗？让我们一起揭开性格的神秘面纱吧！

你是否善于协调自己的个性

人无完人，每个人都难免会有这样或那样的不足，但是有些人却能快速地获得成功，这并不是因为他们没有缺点，而是因为他们更懂得如何发挥自己的性格优点，规避性格缺陷。你善于协调自己的个性吗？不妨来做个测试吧！

【游戏测试】

设想你正在大海上航行，突然有东西从水平面上映入眼帘，你想，那会是什么呢？

A. 一片陆地　　　　B. 另一艘船

C. 刚刚升起的太阳　　D. 一条鲸鱼

【心理分析】

选A：你比较墨守成规，不善于标新立异，或许你也有很独特的个性，但你却不知道它有多大魅力。鉴于此，你何不打破常规，将它展现给众人呢？

选B：你虽有才，但若没有别人的协助，你很可能会对自己的才华熟视无睹。水下面上的船，就是你的向导，所以你要懂得很好地利用身边的事物。

选C：你是个善于将自己的个性发挥得淋漓尽致的人，虽然这样做会令你得罪很多人，但是，因为你太喜欢尝试了，所以你总有成功的一天。

选 D：你生性好高骛远，不切实际，所以你常常会因为不自量力而陷入困境。

你有什么性格弱点

每个人都有自己的弱点，个性存在弱点并不可怕，只要我们勇敢地面对它，努力去改变，就可以克服自己的弱点。做下面的测试，来看看你有什么弱点，以便及时改正。

【游戏测试】

如果有一天，你在人间碰到了上帝。你求上帝帮你完成一个愿望，你会选择一个什么愿望？

A. 让自己的外貌和身材变得无比迷人
B. 让自己周围有很多能玩到一起的朋友
C. 让自己有一个知音
D. 让自己变成大富翁
E. 让自己有一技之长

【心理分析】

选 A：你非常在意自己的外在，说明你最大的弱点就是太在意外界的看法，太在意别人对你的评价。别人的意见固然重要，但更重要的是有自己的想法和判断力。相信自己，你的人生会有更开阔的空间。

选 B：你常有孤独和空虚感，而且老是封闭自己的内心。其实，试着敞开心扉，亲近他人，释放自己，你会快乐很多，也会轻松很多。

选C：你很腼腆，不擅长在人多的地方表达自己。特别是在大的聚会中，你总是觉得不知所措。太过内向的性格会让你错失很多珍贵的东西。

选D：选大富翁，说明你最大的性格弱点就是贪婪。因为金钱，你常常会吃很多亏。

选E：希望有一技之长，说明你是个比较外向的人。你爱好广泛但是也导致你容易浮躁，无法专攻一门。你是一个外向的人，你擅长交际，但对技术却感到很神秘。你性格上最大的弱点就是无法专心。注意培养自己的耐力，会让你受益匪浅。

你的"幼稚指数"有多少

每个人都有幼稚的时候，当别人说你幼稚时，你会作何反应？是反驳还是主动承认？如果你不想像别人说的那样幼稚的话，你最好承认，甚至可以自嘲，因为在幼稚面前是没有借口可找的，只有做真实的自己才是一个好的状态。接下来，我们不妨做一道题来看看你的幼稚指数是多少？

【游戏测试】

如果你是童话故事中想吃掉3只小猪的大野狼，你会选择什么方法吃掉它们？

A. 模仿猪妈妈声音骗开门　　B. 用锤子把整个门砸坏

C. 从烟囱偷偷地爬进屋去　　D. 等小猪没戒心自己出来

E. 用烟把小猪们熏出来

【心理分析】

选 A：你的"幼稚指数"为 40%。你在与人交往过程中懂得以礼待人，即使面对比较复杂的事情也会很有耐心，而且你能把握住一个人的性格。

选 B：你的"幼稚指数"为 80%。表面上很成熟，其实内心非常幼稚，遇到烦心事还容易发脾气。

选 C：你的"幼稚指数"为 55%。你懂得去找寻解决问题的方法，所以，你会在今后的人生中有所作为。

选 D：你的"幼稚指数"为 99%。你是感觉至上的人，不管什么事情，只要你想，就会去做。建议你在享受自由的同时也学会偶尔的忍让，因为过分的自由也是一种不自由，弄不好会走火入魔。

选 E：你的"幼稚指数"为 20%。或许是历经了太多的灵魂挣扎吧，现在的你已经学会了如何去放手。有些事情强求是没有用的，你苦苦追求的或许只是一堆垃圾，所以这类型的人一般都懂得放手，懂得用等待的方式来解决事情。

你是否是一个具备坚韧性格的人

不论生活对我们怎样，我们依然要生活；不管我们面对什么样的挫折，我们对成功痴心不改。这就需要有坚韧的性格，也只有坚韧，才会使我们度过寒冷的冬天，迎来阳光明媚的春天。

何谓坚韧？就是指人在艰苦困难的情况下，坚持而不动摇。可以说，没有坚韧，就不会有我们的成功。所以，我们要想做一个成功人士，就必须要做坚韧之人。我们的性格里，有没有坚韧的成分呢？或者性格中坚韧的特点是否突出呢？

【游戏测试】

1. 你一直努力工作，但得不到领导的肯定与表扬，你会耿耿于怀吗？
2. 与同事发生误会的时候，你会得理不饶人吗？
3. 公司对你的处分过重时，你会向同事抱怨吗？
4. 遇到实在顶不住的困难，你会因此不再坚持一下吗？
5. 对手对你恶意中伤，你会暴跳如雷吗？
6. 有一个很有发展前途但待遇低下的工作，你会放弃吗？
7. 在读大学的时候，突然之间没有经济来源，你会放弃学业吗？
8. 你心爱的人不再爱你，你会因此影响工作吗？
9. 你的上司是个尖酸刻薄的人，你会因此辞职吗？
10. 你的正确方案没有被公司领导采纳，你会找他们大吵大闹吗？
11. 在人生最困难的时候，你是否曾经想过要自杀？
12. 在遇到挫折时，你是否放弃了自己的目标？
13. 你是否把成功看作是偶然的，把失败看作是必然的？
14. 你是否做什么事都往好处想，不往坏处想？
15. 如果你取得的成果不被社会承认，你是否会放弃在这一方面的研究？
16. 谁也瞧不起你的时候，你是否曾经怀疑自己的能力？

【心理分析】

由这16个问题就可以看出你是否是一个具有坚韧性格的人。如果你对以上问题勇敢地说"不"，那么你就是一个具备坚韧性格的人。这种人一般都有常人所不及的毅力与意志，敢于努力敢于拼搏。

对所处的环境和自己的未来有着正确的定位和认识。

坚韧的人是能够战胜人生苦难的,以微笑和宽容面对他们遇到的天灾人祸,没什么东西可以把他们征服,也没有什么力量可以改变他们的追求。这样的人往往也是笑到最后的人。

一个成功的人,他可能是只成功过一次,但他在成功之前说不定失败过一百次。任何人都可以欣然地面对鲜花和掌声,但不是任何人都可以承受失败的打击和失落。只有坚韧的人才能做到这一点,不以物喜,不以己悲,可以面对人生的大起,也可以面对人生的大落。对人生起起落落而矢志不渝的人,才是真正的强者。

通过发型看你的性格

现实中,有人喜欢长发,有人喜欢短发,有人喜欢鬈发,有人喜欢直发……不管是哪种发型,只要适合自己就好。你也许不知道通过发型还能看出一个人的性格哦,看下面的测试。

【游戏测试】

如果让你一直留一种发型,你会选择下面哪一种?

A. 短发,最多齐肩
B. 长发,但未至腰部
C. 长发及腰,或者长过了腰部

【心理分析】

选A:你非常自信,全身充满着活力,但通常因为你有些自负,所以交际会受影响,朋友不多。

选B：你很聪明，但是也有很多烦恼。你有些害羞，你的生活也许是被动的。不过你会有很真挚的朋友陪伴，真诚的态度会给你的生活带来光彩。

选C：你个性非常独立，甚至有些叛逆，但对现实生活你有时又会感觉到恐惧，属于矛盾型的人。另外，你很有异性缘，追求你的人很多。

从喜爱的水果看你的性格

水果味道鲜美，很多人都喜欢吃，每个人喜欢的水果也不一样。有人喜欢苹果，有人喜欢椰子，还有人喜欢榴莲……你知道吗，水果也能暴露你的性格哦！

【游戏测试】

下列几种水果，你最喜爱的是？

A. 香蕉　　B. 樱桃　　C. 葡萄　　D. 苹果
E. 柚子　　F. 梨　　　G. 橘子

【心理分析】

选A：你外表坚强，内心脆弱，容易多愁善感。你非常在意外界对你的评价。多吃香蕉，会驱散你的郁闷烦躁，让你保持快乐平和的心情。

选B：你头脑灵活，善于理财，但内心孤僻，容易感到寂寞。

选C：你很善于交际，组织能力强，而且非常低调，懂得保护自己，弱点是太懒惰。

选 D：你很务实，凡事都有计划，也不怕辛苦。不过你的自尊心很强，也不善于接受新鲜事物。

选 E：你身体很健康、运动细胞活跃，不过自我保护意识太强，脾气有些急躁。

选 F：你很有才华，精力旺盛，只要认定的事情，就会坚持做下去，不过这也说明你顽固的一面。

选 G：你感情丰富细腻，想象力丰富，也非常有亲和力。不过，你非常情绪化，经常让人觉得莫名其妙。

你是否是一个充满自信的人

如果你是一个自信的人，那么你也许不一定能获得成功，但至少你不会失败，因为在这类人的人生字典里根本不存在"失败"这个词。如果你不自信，无论你做什么，你都根本不可能成功。那么如何判断你是否是一个有自信心的人呢？请测试一下吧！

【游戏测试】

1. 你是否对自己的出身、家庭特别看重？
2. 你是否对自己的性别、身高、相貌特别看重？
3. 你是否对自己的学历特别看重？
4. 你是否对自己工作单位的性质（如国企、私企、合资、外资）特别看重？
5. 你是否对自己的上司、同事、朋友特别在意？
6. 你是否在做某一件事时，对客观条件特别在意？
7. 你是否对自己的成绩特别看重？

8. 你是否对别人的评价、议论特别在意？
9. 你敢不敢去从事你非常陌生的行业？
10. 你敢不敢去一个陌生的城市工作？
11. 你敢不敢去从事零工资的工作？
12. 你想过自己当老板吗？
13. 你想在业绩上永远是第一吗？
14. 你能不能上门去推销一件产品？
15. 你失败过10次，第11次你还去做吗？
16. 你敢不敢辞去现在的这个稳定但没有发展前途的工作？

【心理分析】

如果你对前8个问题的回答是否定的，后8个问题的回答是肯定的，那么你就是一个有自信心的人。

在当今这个机遇与挑战、风险与成功并存的时代，在这个强调个性、张扬自我的社会，如果我们不自信，甚至自卑，那么在竞争中，在工作与生活的压力下，未曾出马，就先输一局。

一个人最大的对手，不是别人，而是自己。没有自信的人是先被自己打败，然后才被对手打败的。而如果有充分的自信，就有奋斗的动力，就有成功的希望。

从口头禅看你的性格

每个人都有自己的口头禅，可很少人知道口头禅也会暴露自己的性格秘密。下面来看看你会说哪些口头禅。

【游戏测试】

下面四组口头禅,你常说的是?

A. 真的 说实话 确实是　　B. 肯定的 一定是

C. 据说 传说 听说　　　　D. 可能 也许 大概

E. 不过 可是 然而　　　　F. 这个 嗯 哦 呀

【心理分析】

选A:你的性格有些急躁,希望得到别人的认可和掌声。

选B:你很有自信,做事也比较靠谱,深得领导的喜欢。不过有时候,也不太相信自己,会左右摇摆。

选C:你是个很矛盾的人,做事不够果断,不喜欢把事情做绝,总想为自己留条后路。你见识多,处事圆滑,但是决断力不强。

选D:你的防卫心理非常强,总是在掩藏自己,不想把真实的想法暴露出来。不过,同事和朋友应该比较喜欢你,因为你总是能调剂大家的情绪。

选E:你很注意保护自己,而且任性,不过你的辩解显得很温和,不会对人有攻击性,也不会让人觉得不舒服。

选F:你要么比较单纯,要么很有心机。但不管是哪种,你的内心总是孤独不安的。

你的综合性格是什么类型

每个人都有不同的性格,而且是难以改变的,当你仔细观察身边人时,会发现的确如此。那么,你还要改变自己性格中不好的一面吗？相信如果你能坚持的话，就一定会有所收获。下面就来看看你的综合性格究竟是什么样的吧！

【游戏测试】

1. 先把数字分为两类：

热：1、3、5、7、9；冷2、4、6、8、0。

2. 再看你的出生年、月、日是属于"热"还是"冷"。

【评分标准】

具体方法是把年、月、日的尾数取出。

例：1985年3月29日出生，1985的尾数5为"热"，3为"热"，29的尾数9为"热"。根据结果将三个属性组合起来得到"热、热、热"。

1. 烈火型——"热、热、热"
2. 艳阳性——"热、热、冷"
3. 暖风型——"热、冷、热"
4. 温水型——"热、冷、冷"
5. 冰山型——"冷、冷、冷"
6. 寒流型——"冷、冷、热"
7. 冰箱型——"冷、热、冷"
8. 凉水型——"冷、热、热"

【心理分析】

1. 烈火型

性格：天生活力冲天，对朋友常常过分热情。即便是刚认识的人也不会过于拘谨。不过有时你过分的热情不是人人都受得了的，小心惹得人家反感。

事业：你对工作十分投入，常常因为太过投入工作，而忽视了同事的感受，容易得罪人。

爱情：你是一个很有异性缘的人，就算有了另一半，你仍会和异性朋友讲心事，弄得你的另一半醋意大发。

金钱：你是一个对赚钱有热情，但不会做守财奴的人，偶尔碰到别人需要帮助的事时，你会热心助人，甚至慷慨解囊。

2. 艳阳型

性格：由于该类型的情感热度适中，所以让人觉得舒服，既不冰冷，也不灼热。不过有时也会失控，在言语上太过凶猛而得罪人。

事业：热爱工作，会体谅别人的感受，因此和同事相处融洽。

爱情：热情和浪漫兼备，使得另一半对你死心塌地。

金钱：你平常注意广结人缘，又喜欢顾及他人利益，所以你自然能够财源广进。

3. 暖风型

性格：情感热度没有烈火型和艳阳性那么高，但正所谓是暖风型，和你打交道的人往往会在不知不觉中对你心生好感，同时，暖风型的人办事温和，不会固执己见，这一点同样惹人喜爱。

事业：性格和顺，不作固执要求，也难免错过提升的机会。

爱情：视人人都如兄弟姐妹，这样错过不少姻缘。

金钱：用钱该花则花，不会有万贯家产，也不会有数不清的债。

4. 温水型

性格：热度最低，待人处世也像一杯温水，都说君子之交淡如水，的确有君子风范，而且有很强的责任心，既能赢得大家的信任，也能赢得永久的友谊。

事业：不会去争利益，不但极少升迁，还可能被人利用。

爱情：年纪越大，异性缘越好。

金钱：过于老实，即便吃亏，往往也不作声。

5. 冰山型

性格：如一座冰山拒人于千里之外，让人望而却步。不过，这类人对感情的需求很大，独占欲也非常强，凡是被他看好的东西，一定不会轻易放手。

事业：冷静，临危不乱，有做大事的风范。

爱情：就算爱上别人也不会主动。

金钱：胆大心细又冷静，财运非常不俗。

6. 寒流型

性格：寒流型的人恰恰和暖风型相反，这种人身边的朋友一般常要接受他的冷言冷语，防备措施少一点都不行。不过他们思想成熟，会照顾人，只是感情太过严肃而缺少生活情趣。建议这类性格的人多一点浪漫。

事业：做大事太多顾虑，常常犹豫不决。

爱情：不会轻易涉足情场，即使恋爱了，也会找个冷静型的情人。

金钱：凡事精打细算，能省则省，但也难免因小失大。

7. 冰箱型

性格：与冷静型性格的人相比，冰箱型性格的人可谓最有协调性了，因为性格虽冷，但情感的温度可以调整。如果遇到投缘的人，就会变得比较热情；如果遇到没有感觉的，就会将对方装进冷柜。

事业：本身细心冷静，又具协调性，所以事业一般发展不错。

爱情：为人偏冷，对异性没有太多亲和力，所以异性缘一般。

金钱：对钱的兴趣不大，认为它是身外之物，够用即可。

8. 凉水型

性格：虽有很酷的外表，但虚有其表，内心其实藏着很多热情，当遇上热情型性格的人时，很易受对方热情的影响，变成温水甚至是开水。

事业：由于比较善变，所以在发展事业的道路上适合寻找一个可靠的领路人，带着一起发家致富。

爱情：外表冷酷，但恋爱时有几分浪漫激情，异性缘不俗。

金钱：少碰风险大的投资，如果要投资最好选择低风险的理财产品即可。

你是否是一个理智的人

理智是辨别是非、利害关系以及控制自己行为的能力，它既是一种心态，又是一种性格。

可以说，每个人的行为和语言在日常大部分时间里是由理智控制的，但并不是人人都能把这种能力运用得恰到好处。在遇事时表现得理性和聪明，从而很好地控制自己的行为，并作出判断和推理，这是理智的表现，反之就是不理智。回答下面一些问题，便可大致判断出你的理智在性格中所占的比重。

【游戏测试】

1. 你是否经常反省自己？
2. 你是否在与别人相处时总保持一定的距离？
3. 遇到问题时，你是否首先自己想办法解决？
4. 让你去一个陌生的地方，你是否在能行动之前搞清确切地址和方位？
5. 在嘈杂的地方，你是否能安下心来读书？
6. 你是否能守住秘密而极少向别人透露，哪怕是很亲密的人？
7. 你是否能够专心致志于自己的事情且思维严密？

8. 你的生活态度是否严肃，绝不愿游戏人生？

9. 你是否热衷阅读富有感情和幻想的作品？

10. 你是否认为那些文化教养很高的人犯了错误是可以同情的？

11. 你是否觉得频繁换工作是一件开心的事？

12. 你是否时常急躁，一旦事情不如自己所想，就难以正确处理？

13. 你是否常常自寻烦恼？

14. 看悲情电影时，你是否经常被感动得流泪？

15. 在各门功课中你是否最喜欢语文？

【心理分析】

上述15个问题中，如果前8个问题的答案大部分是肯定的，而后7个问题的答案大部分是否定的，那么你的性格就属于理智型的；如果恰好相反，很明显，你好感情用事，通常心肠软，易受感动，有时不切实际，缺乏耐心与恒心；如果在上述问题中，你在前8道题的回答中有一半是肯定的，后7道题中有一半答案是否定的，那么生活中的一般性问题，你都能理智客观地处理，但有时仍会冲动和感情用事。

理智型性格的人一般不受环境影响而失去自己的主见和判断，也很能适应新环境，因此他们大多时候心情是平静的，心态是平和的，有很强的自知之明。理智型性格的人办事稳重，绝不轻易冒险。能和不同层次的人打交道，在与别人打交道时往往采取"先小人后君子"的方式，比较谨慎，因此很少犯错误。并且他们的自控能力较强，又有很强的分辨能力，往往还比较有责任感，注重自身修养。

你有双重性格吗

每个人的性格都不是一成不变的，如果你的生活环境令人满意的话，你或许会以某一种性格为主；但如果长期生活在一个让你不满的环境中，你的内心就很可能充满斗争和挣扎，就可能会因此形成双重甚至多重性格。现在的你究竟是什么性格呢？你具有双重性格吗？

【游戏测试】

假如每天早上你都要乘地铁去上班，一天早上你睡过头了，醒来时，你发现快到上班时间了，于是就急匆匆地出门冲进了地铁，这时如果可以选择，你会决定自己是在第几节车厢？

A. 第一节车厢　　　B. 前半段车厢

C. 后半段车厢　　　D. 最后一节车厢

【心理分析】

地铁代表内在的你，乘坐的车厢代表另一个你在你心中所占的份量。

选A：乘坐的车厢是第一节车厢，表示你内心的另一个你时常跑出来作乱，所以，你是那种喜怒无常之人，对此，身边的人都感同身受。如果你实在不愿意作出改变，那就请你将内心的真实想法及时说给他们听，因为这类型的人一般都是感情极为真挚的人，所以，身边的人很少有不被你打动的。

选B：答案是前半部的人，表示你内心的另一个你容易因为感情因素而出现，比如当有人惹你生气时，或者是发现恋人对你不忠时，你都会火山般的爆发心中的不快。

选C：答案是后半部的人，是一个懂得隐藏自己另一面的人。不过，一旦压力到达临界点时，你内心的另一个你会突然跑出来，让你完全变了一个人。

选D：答案是最后一个车厢的人，你将内心的另一个自己妥善地隐藏在内心深处，只要不表现出来，就不会有人发觉。所以，这种感觉对你来说是不是足够的酷？

你是善变的人吗

我们经常将善变的人说成是没有责任心的人，甚至是没有道德的人，然而他们自己却过得十分自在，因为善变的实质是在寻求最佳的生命资源配置，所以即使是一个善变的人，他们也不会因为自己善变而感到有什么不妥。当你面对一个善变的人时，与其展开说教，倒不如静下心审视一下自我。接下来的测试题可以帮你看清自己是不是一个善变之人。

【游戏测试】

一个悠闲的星期天，当你早晨睡到自然醒来之后，却发现外面正在下雨，这时你觉得这雨几个小时后才会停呢？

　　A. 大概一个小时左右吧　　　　B. 少说也得两三个小时吧
　　C. 估计四五个小时都不会停　　D. 可能会下六到八个小时
　　E. 一天八小时的白昼都可能在下雨

【心理分析】

选 A：你可能给人感情丰富的印象。不用多说，对于善变，你是不二人选。只是你要知道，有时那雨是不会像你想的那么快就停的。可见，你既是一个喜欢雨的人，又是一个不喜欢雨的人。当你喜欢时，你担心它过早停止，于是你尽量把时间说得短一点；当你不喜欢它时，就更是希望它停了。

选 B：你属于偶尔见异思迁的类型。你的身边一般会有很多朋友，不过，因为你的善变，或者说是关键时刻的妥协与默许，你能在应付他们时表现得游刃有余。

选 C：你不是很善变的人。不过，在人际交往中你能舒展自如，所以，朋友们会认为你是有魅力的人。

选 D：你跟"善变"毫不沾边儿。如果你愿意的话，可以做点改变，令周围的人认为你很有趣可爱。

选 E：你根本没有善变的时候。你总是固执己见，给人以牛脾气的印象。

你是人群中的大多数吗

一般来说，出生年代、生活环境相似的人的性格也有很多的相似之处，但是也有一部分人生来就和他人有诸多的不同。你是人群中的大多数，还是极少数呢？而这大多数或是极少数中的你是什么性格的人呢？

【游戏测试】

下面的问题可以帮助你判断自己的性格属于哪一类型。每一题下面的四个选项后有一个括号,在最符合你情况的那个括号中填入4,其次填3,再次填2,最不符合的填1。

1. 你留给他人的印象可能是什么?

   A. 经验丰富（   ）　　　　B. 热情（   ）

   C. 灵敏（   ）　　　　　　D. 知识丰富（   ）

2. 你按计划工作时,希望这个计划能够怎样?

   A. 取得预期效果,不要浪费时间和精力（   ）

   B. 有趣,并能和有关人一起进行（   ）

   C. 计划性强（   ）

   D. 能产生有价值的新成果（   ）

3. 完成一个计划,为了节约时间,你总是首先确定什么?

   A. 有无价值（   ）

   B. 能否使别人感到有趣（   ）

   C. 是否安排得当,按计划进行（   ）

   D. 是否考虑好了下一步计划（   ）

4. 对你来说,最满意的情况是什么?

   A. 比原计划做得多（   ）

   B. 对别人有帮助（   ）

   C. 通过思考解决了一个问题（   ）

   D. 把一个想法和另一个想法联系起来了（   ）

5. 你希望自己在他人眼里是一个什么样的人?

   A. 能完成工作任务的人（   ）

   B. 充满热情和活力的人（   ）

   C. 办事胸有成竹的人（   ）

   D. 有远见卓识的人（   ）

6. 你怎么对待别人的无礼?

   A. 立即表现出来不快（   ）

B. 心情不快，但能很快消除（ ）

C. 谴责对方（ ）

D. 不去理他，考虑自己的事情（ ）

【评分标准】

　　填好以后，把6个问题中A、B、C、D四项的数字分别相加，得出4个数字。分数最高的一项，就是你性格的基本类型。A为敏感型；B为感情型；C为思考型；D为想象型。

【心理分析】

　　A敏感型：这类人精神饱满，好动不好静，办事爱速战速决，不过，有时也难免盲目行事。与人交往中，往往会拿出全部的热情，但受挫折时又容易消沉。

　　B感情型：这类人感情丰富，喜怒哀乐溢于言表，所以，与其有关的事情是被身边人熟知的。喜欢感情用事，因此难免与人发生冲动。在生活中喜欢鲜明的色彩，对新事物很有兴趣。

　　C思考型：这类人善于思考，逻辑思维发达，有较成熟的观点，而且在做出一个决定后能持之以恒，因此，生活与工作也就显得有规律。不过，也容易犯思想僵化、教条、纠缠细节、缺乏灵活性的毛病。

　　D想象型：这类人想象力丰富，常憧憬未来，在生活中不太注重小节。对于生活中的很多事情，常常会表现得格格不入，让人觉得很难与其相处。

在异性眼中,你有哪些独特的韵味

韵味是一种很微妙的东西,尽管它更多时候来自于一个人的言行举止,但它的实质却是对真善美的领会和态度,它蕴含在一个人的举手投足之中。所以,不要以为真、善、美三个字是陈词滥调,如果不懂得它们的真正内涵,那么在别人眼中,你就可能是一个很俗气的人。你是一个具有什么韵味的人呢?在异性眼中你有多大魅力呢?

【游戏测试】

1. 你会把自己比喻成哪种花香?

A. 浓郁的花香→请回答第 2 题

B. 清淡的花香→请回答第 3 题

2. 你会选择哪种香味的润唇膏?

A. 水果味→请回答第 4 题　　B. 薄荷味→请回答第 5 题

3. 你喜欢哪种色系的花束?

A. 红色系的花束(如红色/粉红色/橙色)→请回答第 2 题

B. 非红色系的花束(如白色/蓝色/紫色)→请回答第 5 题

4. 如果你心仪已久的异性答应和你约会,你会用什么气味的香水?

A. 带有甜味的花香→请回答第 6 题

B. 清爽的水果香味→请回答第 7 题

5. 你喜欢草的哪种气味?

A. 盛夏干燥的草味→请回答第 4 题

B. 雨后湿淋淋的草味→请回答第 7 题

6. 玫瑰和百合，你喜欢哪种？

A. 玫瑰→请回答第 8 题　　B. 百合→请回答第 9 题

7. 你最喜欢的洗发水瓶子的形状是怎样？

A. 圆形→请回答第 6 题　　B. 长身形→请回答第 10 题

8. 哪种气味最能抚慰你低落的情绪？

A. 花香的气味→请回答第 11 题

B. 森林的气味→请回答第 12 题

9. 你在收视率极高的电视剧中看见一个香包，凭直觉，你觉得它会是什么颜色？

A. 紫色→请回答第 8 题　　B. 红色→请回答第 12 题

10. 你如何看待市面刚推出的一种全新的香草味雪糕？

A. 相当引人注意→请回答第 9 题

B. 不太引人注意→请回答第 13 题

11. 下列哪种味道会勾起你怀念的感觉？

A. 面包香味→请回答第 14 题

B. 大自然的味道→请回答第 15 题

12. 你会用哪组词汇形容"月光的味道"？

A. 刺激、灿烂夺目、香味四溢→请回答第 11 题

B. 沉郁、孤独、踏实、安静→请回答第 15 题

13. 你喜欢下列哪种香味？

A. 香料的香味→请回答第 12 题　　B. 茶香→请回答第 16 题

14. 你如何看待体味？

A. 非常讨厌→请回答第 17 题

B. 如果是自己喜欢的味道就没有关系→请回答第 18 题

15. 你觉得什么香味有助于提神？

A. 柑橘香→请回答第 14 题　　B. 薄荷香→请回答第 18 题

16. 你喜欢异性身上有哪种香味？

A. 香水味→请回答第 15 题　　B. 肥皂的香味→请回答第 19 题

17. 想起游乐场，你会想起哪种味道？

A. 牛奶及葡萄→请回答第 20 题

B. 甜甜的糖果→请回答第 21 题

18. 你喜欢哪一种形状的香薰？

A. 三角锥形→请回答第 17 题　　B. 棒状→请回答第 21 题

19. 你是否喜欢香水？

A. 非常喜欢→请回答第 18 题　　B. 不太喜欢→请回答第 22 题

20. 你喜欢婴儿用的香皂味道吗？

A. 喜欢→答案 A 型　　B. 不是特别喜欢→答案 B 型

21. 你知道自己的体味吗？

A. 不知道→请回答第 20 题　　B. 知道→答案 C 型

22. 你喜欢皮革的气味吗？

A. 喜欢→请回答第 21 题　　B. 讨厌→答案 D 型

【心理分析】

A 型：你在异性眼中更具水果香的韵味

你充满自由浪漫的气息，在那种类似游乐场的地方或是朋友聚会的场合，总是少不了你，而且也不能没有你，因为你就像个天真无邪的孩子，只有你才能让大家兴奋起来。不过，很多人会因此而认为你只是个搞笑能手，所以他们不愿意跟你成为朋友。还有一些人会觉得你是那种爱戏弄别人的人。而且你的依赖性在他们看来也十分强，所以不愿意接近你。这些都是你给他们造成的假象，其实你是一个极为成熟而稳重的人。所以，你要做的就是让大家知道真正的你是什么样子的，比如在聚会时，可以适当地发表一下自己对某些事情的看法。

B 型：你在异性眼中更具东方花香的韵味

你拥有强烈的自我意识，很少受他人左右。你会利用自己的力量积极地达成愿望，所以，在别人眼里你是一个充满热情的人。你经常独来独往，给人感觉你很神秘，这也正是你的魅力所在。但是，你也经常自命清高。大家在面对你时就会觉得紧张而无法与你相处。除非是有必要接触，否则他们会对你敬而远之。其实，你也知道，你是非常温柔的一个人，只是在拒绝庸俗而已。然而，庸俗的事物太多了，我们哪能拒绝得过来呢？所以，不妨试着去接受，这也从另一侧面说明了你的大气。

C型：你在异性眼中更具草香的韵味

你是那种拥有坚强意志的人，而且很少依赖他人。你拥有旺盛的好奇心与丰富的感知能力，虽有时你会让人觉得有点自命清高，不好相处，但是只要进一步接触，就会发觉你是个很好相处的人。你是外表冷静、内心火热的人，所以，那些知道你本性的人，会与你建立长久友谊。你所拥有的中性化魅力，让你在社交场合大受欢迎，只是，你不喜欢让人看到你脆弱的一面。

D型：你在异性眼中更具花香的韵味

你总是给人乐观、积极和勇于面对困难的感觉，同时又不失温柔典雅，懂得照顾他人感觉，大家喜欢与你在一起。当朋友托付你一件事情时，你绝不会推脱，但是，也要防止因此而被那些心存不轨的人利用。

你是否足够成熟

成熟分两种，一种是心理年龄的成熟，另一种是生理年龄的成熟，那么你是属于哪一种呢？抑或是哪种都不属于？不管怎样，我们都不能走极端，更不能主观臆测，所以想找到这个答案，我们不妨来做个心理测试。

【游戏测试】

就你的审美和对事物的感悟，你认为以下哪种建筑最具有雄伟壮观的效果？

A. 中国的万里长城　　B. 印度的泰姬陵

C. 埃及的金字塔　　　D. 希腊的廊柱建筑

【心理分析】

选A：你是一个足够成熟的人。当同龄人都还懵懂时，你早就成熟了。你的成熟令人佩服，不过，也难免给人留下心机过深的印象，所以许多人在与你交往的过程中都会有所保留，害怕被你"暗算"。

选B：你已经是一个无比成熟的人了，而且你的成熟不是跳跃式的，而是一步一脚印走出来的。你的情商很高，总能赢得身边人的高度肯定和信任，大家都喜欢与你相处，你总能带给他们难以言喻的舒适。

选C：你有比较重的孩子气，有些想法很幼稚，不过，你是个聪明人，不会总犯同样的错误。那些摆在你面前的挫折与磨难，都会令你成长起来；相反，如果总是一帆风顺，反而会使你不知天高地厚，一味幼稚下去。

选D：你属于那种介于成熟与不成熟之间的人。对于那些你十分在乎的事情，你会严格要求自己，用很成熟的态度去面对，甚至不容许有半点差错；对于你不在乎的事情，经常是敷衍了事，给人留下不负责任的印象。

第三章　心理扫描：
心安才能身安

　　你是否因为不能升职而悲观沮丧？你是否因为别人的误解而暴跳如雷？当你的内心需要得不到满足时，常常会产生这样的负面情绪，比如，愤怒、悲伤、恐惧、忧郁等等。只有找出内心消极的情绪体验，才能化解心中的困惑，达到身心的平衡。

你的心理弱点在哪儿

很多人都说,江山易改,秉性难移。在人格心理学中也有这种人格稳定性的理论,难道人们就真的难以改正自身的弱点吗?社会心理学给出了答案,人是具有主观能动性的,也就是说,当你深刻认识到自己的弱点,你就会去慢慢地改变自己,使自己逐渐强大起来。通过下面的心理测试,可以看出你的弱点到底是什么。

【游戏测试】

在一个凶杀案现场,被谋害的是一位年轻女子,遇害时手中正好抓着一支断裂的口红。请用直觉推断她遇害的原因是什么?

A. 强盗闯入家中劫财劫色　　B. 男友报复她移情别恋

C. 暗恋她的人所为　　　　　D. 情敌下的毒手

【心理分析】

选A:你的心理弱点是害怕患病。你最害怕的莫过于自己得了不治之症,受尽治疗的折磨,你害怕身体的痛苦和死亡的威胁。

选B:你的心理弱点是害怕死亡。但不是你自己的死亡,而是你最亲密的人的死亡。因为你的感情依赖度非常高,尤其对父母、配偶、兄弟姐妹。当不幸发生后,你将无法承受。

选C:你的心理是自然界无法解释的现象。灾难、恶魔等会在你的梦境或意识模糊的时候出现。这是你非常不易克服的弱点。

选D:你的心理弱点是害怕背叛。你无法面对情人变心或亲密的挚友出卖你。在他人恶意背叛你时,你会脆弱得失去所有的反击能力。不过这个弱点不易被察觉,只有到面临困境时才会显现。

你对什么有恐惧情结

每个人都有自己害怕的东西,对某些事物都有天生的恐惧和排斥,你有什么恐惧情结呢?

【游戏测试】

天灾人祸最让我们感觉到恐惧,下面哪种灾害让你觉得最难忍受?

A. 台风　　　B. 滑坡泥石流

C. 地震　　　D. 瘟疫传染病

【心理分析】

选 A:你的恐惧情结是突然的惊吓

你接受不了突然的变故,会彻底崩溃。所以,你的朋友亲人,如果真有什么不好的事情要告诉你,都会婉转地告诉你,以免让你受到刺激。其实,这也说明你的心态不好,没有受过良好的抗打击训练。建议你放松自己的神经,多出门走走,对舒解压力有好处。

选 B:你的恐惧情结是受到迫害

你总觉得自己生活在一个不安定的环境中,随时可能遭到威胁。可能是你的物质生活没有得到很好的满足,你总是担心自己的未来,所以你总不能安心上床睡觉。你会拼命工作,为自己寻找心理安慰,可是现实依旧。建议培养自己的安全感,不然你的不安很难消除。

选C：你的恐惧情结是一切残忍的事情

本来你的胆子是相当大的，觉得现实中没有什么大不了的事。可是，如果你见过很残忍的画面或是刺激的场面，你的心里就有挥之不去的阴影。夜深人静时，若你一个人独处，这种恐惧就会出现。

选D：你的恐惧情结是那些莫名其妙的心事

你是个思考问题很多的人，而且想的往往是些根本不存在或者很久之后才会发生的事情。你跟别人聊到自己的心事时，他们总是不能理解，所以，你时常觉得孤独。

你有强迫症吗

时下的生活节奏日益加快，不少人都有这样或那样的怪癖，譬如你可能和电影《火柴棒男人》中的尼古拉斯·凯奇饰演的主角一样，每次出门都要三番五次地检查煤气和电源开关。心理学家将这样的怪癖定义为"强迫症"。做下面的测试，看看自己是否得了"强迫症"。

【游戏测试】

请你根据最近一周以内的情况和感觉进行评定，评分标准分为5级："没有"为0分，"很轻"为1分，"中等"为2分，"偏重"为3分，"严重"为4分。

1. 头脑中有不必要的想法或言语盘旋，挥之不去。
2. 很容易忘记东西。
3. 担心自己的衣饰不整齐及仪态不端正。
4. 感到难以完成任务。

5. 做事必须做得很慢以保证做得正确。
6. 做事必须反复检查。
7. 难以做出决定。
8. 反复想些无意义的事。
9. 注意力不能集中。
10. 必须反复洗手、点数。
11. 反复做毫无意义的一个动作。
12. 常怀疑被污染。
13. 总担心亲人,做无意义的联想。
14. 出现不可控制的对立思维、观念。

【心理分析】

总分超过20分,应考虑有强迫症的可能。这时,你应该适当调整自己的认知:许多人一旦意识到自己有强迫倾向就会产生很重的心理负担,从而又加重了强迫程度,你应该明白强迫症并不可怕,它其实就是一个极为常见的心理问题。

此外,换一个角度去思考问题,也会有所帮助。其实我们感受到的症状都是强迫人格在起作用,应该有意识地去克服任性、急躁、好胜等性格,改变过于刻板、过分认真的做事方法,不钻牛角尖,换个角度去思考,事情就会"柳暗花明"。

你是偏执的人吗

所谓偏执,就是一个人具有较常人更强的自我肯定意识,过于自负,以至于别人说的一切在你眼中都显得微不足道,不值得学习

和借鉴。虽然这种"自信"可以让一个人在面对问题时更加坚定，但是太过偏执却可能导致一个人无论做什么事都会一意孤行，很难与人相处。你是否属于有点偏执的人呢？还是你已经偏执到让人不可理喻的地步了呢？

【游戏测试】

1. 如果你参加了一个测试勇气和能力的游戏，你要按要求完成以下4项任务，你愿意从哪一项开始？

A. 到废弃的旧屋中解救被歹徒扣押的人质→请回答第2题

B. 空手去杀死一只猛兽→请回答第4题

C. 带头誓死守护一座城池→请回答第3题

D. 把2斤有毒的豆子从2斤米中拣出来→请回答第6题

2. 你对自己的整体形象有什么看法：

A. 虽然不算完美，但相当独特，有个性→请回答第4题

B. 一般般吧，中等偏下一点→请回答第5题

3. 作为领导，你会选择什么性格的人成为你的下属？

A. 个性独立、思维活跃、有创新想法的人→请回答第6题

B. 为人忠实、可靠，善于为你着想的人→请回答第7题

4. 一般像碳素笔、便签纸之类小的办公用品，你习惯怎样购买它们呢？

A. 一次性购买很多→请回答第7题

B. 一次买很少，用完旧的之后再买新的→请回答第5题

5. 你有过三更半夜突然想起没有内衣可换了，然后便立即起床去洗的经历吗？

A. 曾经这样→请回答第8题

B. 从没有过→请回答第9题

6. 当你想去睡觉或者洗澡时，手中还有一份有趣的报纸，而你

刚对其中的一个栏目发生兴趣，接下来你会怎么做？

　　A. 接着往下看，看后不知不觉地跳到另一个栏目，直到看完为止→请回答第 5 题

　　B. 放下报纸，先去做必要的事情→请回答第 9 题

7. 假如你一个人走在寂静的林中，这时你感觉到背后有脚步声，仿佛有人在跟着你，你会认为？

　　A. 有猛兽或仇人准备攻击你→请回答第 10 题

　　B. 可能这脚步声跟我毫无关系→请回答第 8 题

8. 生活中总是有些人说话直来直去，当有人当面指出你的错误时，你会怎么做？

　　A. 还能接受→请回答第 11 题

　　B. 不能自我克制，忍不住发火→请回答第 12 题

9. 如果你在临睡前发现还没有完成的事，你会怎么做？

　　A. 先去睡觉，明天早起解决→请回答第 8 题

　　B. 不解决就无法入睡→请回答第 10 题

10. 一般来说，十分之一的人具有成为伟人的潜质，你认为自己是哪种人？

　　A. 我就应该具有这种潜质→请回答第 11 题

　　B. 对这个我也不知道→请回答第 14 题

11. 一般情况下，要参加集体活动时，你会选择什么色系的衣服？

　　A. 灰蓝色→请回答第 12 题

　　B. 黑色→请回答第 13 题

12. 幻觉是种很奇妙的事物，你曾经有过幻觉吗？

　　A. 曾经有过这种经历→答案 D 类

　　B. 从未有过→请回答第 13 题

13. 倘若看到自己熟悉的人上了某家报纸的名人版，你的感

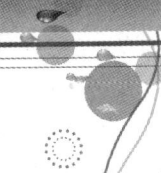

觉是?

A. 不舒服,有一种嘲讽对方的冲动→答案 A 类

B. 说不清,但应该不是什么不好的感觉→请回答第 14 题

14. 一般上厕所的时候,你会做什么?

A. 拿本杂志或是感兴趣的书翻阅,或是其他自己感兴趣的事→答案 C 类

B. 什么也不做,任凭自己的大脑胡思乱想→答案 B 类

【心理分析】

A 类:你是一个崇尚偏执,认为偏执是一种英勇的行为的人

可以用来形容你的形容词有以自我为中心、自以为是、自命不凡……当然,你拥有比别人更多几倍的魄力、远见和固执,一定会多一份成功的可能。因为你一旦认准目标,就会永远走下去。对你来说,只有巨大成功和严重失败。不过,一旦失败,你就容易一蹶不振。或许这也是你作为偏执狂的一种表现吧,建议你培养一些必须要面对的残局的能力。

B 类:你是一个以偏执为快乐的人

作为一个中度偏执狂,妄想是你比较突出的症状。除此之外,你还有另外一个特点,就是想得多、做得少。你会幻想自己能得到一切,但真有这样的机会,你多半会选择退缩。你的妄想是可以控制的,所以可以不被人发觉。最后要告诉你的是,因为你是一个中度偏执狂,很少有孤注一掷的时候,所以也就少了几分成功的可能。

C 类:你属于不偏执就难受的偏执狂

偏执狂只是存在的基础,而不是生活的全部。对你来说,那些你不关心的事物是不会成为你所偏执的对象的。你是普遍偏执狂中的一种。在现实生活中,或许你已经是一个获得小小成功的人了,但是还有更大的欲望藏在心中,可你又不能把它说出来,如果没有这一点儿偏执,将令你失去很大一部分乐趣。

D类:得到这个结果,意味着两种可能:1. 你不是偏执狂;2. 你比偏执狂危险得多。

这里需要强调的是第二种可能。你超常的自我克制力,虽貌似没有偏执倾向,但是你的自我克制本身就是一种偏执,因为你觉得只有克制住自己的欲望才能取得成功。而且,比起那些带有幻想并且言大于行的中庸派偏执狂,这样的人更容易取得成功。

你会有自闭的倾向吗

如果一个人过度自闭,就如同将自己的心灵之门完全关闭,从此再也感受不到外面温暖的阳光,听不到悦耳的鸟声,闻不到新鲜的空气……做下面这个测试,关注自己的自闭程度。

【游戏测试】

和陌生人共同搭乘电梯时,你的表情通常是怎样的?
A. 双手交叉抱于胸前　　B. 无表情
C. 微笑　　　　　　　　D. 主动搭讪

【心理分析】

电梯是一个狭小而私密的空间,在这个特定的空间里,与人交往不同的方式反映了内心不同程度的自闭。

选A:双手交叉抱于胸前的姿势虽然表面看来很自负,但根源上是内心不成熟或者自卑的表现。这类人对自己缺乏自信,内心不安甚至趋向自我封闭。

选B：面无表情是本能的自我保护心理。不敢正对陌生人，是因为自卑而不敢面对他人成就的表现。

选C：微笑表示心理较为正常，也具备一定的自信心。只要在自己能力控制范围内，你就会显得信心满满；但要让你主动出击去拓展自己的交际圈是没有什么可能性的，因为如果不是有120%的把握，你是不会主动侵入他人空间的。

选D：主动与人搭讪表示你为他人保留了较大的心理余地。无论是对自己，还是对他人，你都充满信心。这样的你又怎么会对人际交往感到恐惧呢？

你的精神压力大吗

有人说生命是一叶小舟，我们都在命运之湖上荡舟划桨。如果我们不停地往小舟上加东西，小舟总有沉没的那天。做下面的测试，看看自己是否快被压力压垮了。

【游戏测试】

1. 一星期中，最少会有两天感觉精神饱满、身心舒畅。

A. 是　　B. 否　　C. 不清楚

2. 即使保证了8小时以上的睡眠，仍然会感到精神不振。

A. 是　　B. 否　　C. 不清楚

3. 精神总是萎靡不振，但找不到身体上的原因。

A. 是　　B. 否　　C. 不清楚

4. 以下症状，有几项经常出现在你的身上：头痛、头晕、呼吸不畅、心跳、心悸、眼花、消化不良、便秘、习惯性腹泻、精神紧张、四肢乏力、长期失眠、精神不振及容易疲倦。

　　A. 8项以上　　B. 4~8项　　C. 3项以下

　5. 当你感到身体不适时，是否会向他人倾诉？

　　A. 时常　　B. 偶尔　　C. 从不

　6. 周围的人对你重视吗？

　　A. 非常重视　　B. 重视　　C. 不重视

【评分标准】

　　选A得1分，选B得2分，选C得3分。然后，把分数相加在一起得到最后的总分。

【心理分析】

　　0~7分：恭喜！你是一个身心健康的人，请继续保持。如果你能找到适合自己的减压方式的话，就真的完全不用担心了。

　　8~11分：你有神经衰弱的倾向，需要调整一下自己的生活节奏，适当放慢生活的步伐，比如：从繁忙的工作中抽身出来，去风景优美的地方悠哉地旅行一次。

　　12~15分：你有严重的神经衰弱。你忽略自己的身心健康太久了，现在它在抗议，抽个时间去拜访一下心理医生吧！

你害怕空虚吗

　　空虚寂寞的感觉几乎每个人都会有。即使你被众多朋友环绕其中的时候，它也会如从天而降般地突然来袭。你在近期内会遭遇空虚的低落情绪吗？做个测试，你便知道了。

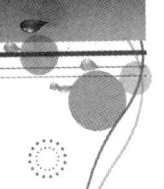

【游戏测试】

船长集齐了精通航海各个方面的人才,向着传说中的大宝藏出发了。然而,一路上他们遭遇了种种灾难和阻碍。凭你的直觉,你认为他们遭遇了什么样的灾难?

A. 船被海底的海藻缠住,无法前进

B. 猛烈的暴风雨袭来,船舱漏水了

C. 被深海巨蛇攻击

D. 船帆被雷电击中,发生了严重火灾

E. 瘟疫在船上流行,船员一一死亡

【心理分析】

选A:空虚指数15分

恭喜你,你的生活中会出现许多贵人,他们会保护你,使你不被人欺负。因此你完全不会有空虚的感觉;即便偶尔心中有空虚感,身边的亲友也会立刻把你的心填得满满的,建议你善待身边的亲友,他们可都是你将来无助、空虚时的贵人。

选B:空虚指数30分

选择这项的你绝对不是一个生活空虚、感觉孤单的人。如果你有空虚的感觉,那就是你自己太喜欢胡思乱想,建议利用身体的运动来分散自己的注意力。

选C:空虚指数50分

你可能会和另一半发生小危机,你会因此变得郁郁寡欢。你对现状并不是很满意,一直想要改变,但是,目前明显不是你改变的最好时机。别想太多,多跟朋友聊聊天会对你有所帮助。

选D:空虚指数75分

你心中充满恐惧、空虚,缺乏安全感。想些让自己踏实的事情,敞开心胸让家人朋友陪伴你吧!

选 E：空虚指数 90 分

你的生活正处于新旧交替之中，你不知道该怎样选择，因此才会感到混乱、空虚，不如多花点时间好好思考一下，再作出正确的选择。

你什么时候会紧张

情绪是心理的反映。紧张的情绪，说明了你的心理状态并不乐观。可是，每个人紧张的时刻都不一样。你在什么样的时候会紧张呢？

【游戏测试】

1. 脾气很不好，很爱发火，可是也能很快"灭火"？
   A. 不是→请回答第 3 题　　B. 是的→请回答第 2 题
2. 发脾气的时候，通常会口不择言，伤害到别人？
   A. 不是→请回答第 4 题　　B. 是的→请回答第 3 题
3. 虽然很爱发脾气，可是也会突然表现出超越常人的忍耐力？
   A. 不是→请回答第 5 题　　B. 是的→请回答第 4 题
4. 如果工作很烦琐，你就没办法集中精力做下去？
   A. 不是→请回答第 6 题　　B. 是的→请回答第 5 题
5. 时常觉得自己疲惫不堪？
   A. 不是→请回答第 7 题　　B. 是的→请回答第 6 题
6. 常常会对未来忧心忡忡？
   A. 不是→请回答第 8 题　　B. 是的→请回答第 7 题

7. 数学不大好，对逻辑推理更不擅长？

A. 不是→请回答第 9 题　　B. 是的→请回答第 3 题

8. 觉得自己经常说错话，可是，下一次说话时又总是脱口而出，不慎加考虑？

A. 不是→请回答第 10 题　　B. 是的→请回答第 9 题

9. 外人眼中，自己收拾得相当亮丽，可是谁也不知道，家里简直是一团糟？

A. 不是→答案 B 型　　B. 是的→答案 A 型

10. 无论在什么时候，都会留意别人的情绪和变化？

A. 不是→答案 D 型　　B. 是的→答案 C 型

【心理分析】

A 型：你的心理素质比较差。如果你要跟一个气场很强的人打交道，你就会觉得非常不安和紧张。这时候，你的那些想法和意见都被抛到了九霄云外，大脑完全不听指挥，别人说什么，你只会应和。

B 型：你是会过度忧虑的人，因为你太没有自信，所以对所有质疑你能力和水平的人和做法表现出极度的忧虑。如果你在工作中出现了一些差错，你会非常紧张，因为你害怕周围人的目光，更害怕自己被人完全否定。

C 型：你的弱点在于害羞和内敛。也许，在工作和生活中，你表现得很圆滑老练。可是，一旦碰到自己喜欢的人，你就像变了一个人似的，变得不自信。你总是担心自己不够完美，可是又觉得自己的紧张有些可笑。好矛盾的你啊！

D 型：你的心态相当不错，一般很少有紧张的情绪出现。更多的时候，你都在关心和培养自己的情绪、观点和看法。你很少会去关心别人的心思。这对你来说也许是一件好事吧，你不会被别人牵着走，你有自己的想法和一套行事方式。

你有自杀的倾向吗

自杀是一种自己结束生命的行为，如果你不想轻易放弃自己的生命，那就说明你有足够的面对生活的勇气，这种勇气也正是每一个渴望活得更好的人应该拥有的勇气。不妨来测一测下面的测试题，看看你有多少面对生活的勇气。

【游戏测试】

平时在家中看见蟑螂，你会有什么举动？

A. 随手抓到报纸或拖鞋，不假思索地打扁或踩扁它

B. 活捉它，然后用火烧死

C. 穷追不舍，一定要用药水喷杀它

D. 放置蟑螂诱杀器，请"君"入瓮

【心理分析】

选A：相信你很少思考"死亡"这个问题，而且你不是一个想着去自杀的人。即使有一天你的生命到了尽头，你也会坦然面对，绝对不会被恐惧折磨。

选B：你是一个积极的人，但心理素质不好。在困难面前经常表现出懦弱的一面，尤其是在遇到大挫折时，你会想着去结束自己的生命。

选C：你属于有一定自杀倾向的人。平时遇到不如意的事，你会希望自己以某种不算痛苦的方式结束生命，以摆脱烦恼，但是你不会自杀，因为你不想承受不必要的痛苦。其实，你最多也只是自

暴自弃，想清楚之后，转眼就会雨过天晴。

选D：对于生死，你似乎已经想得很通透。你深知死是不可避免的，所以你绝对无自杀倾向，也绝对不会苟且偷安，你在随遇而安的同时，也能很好地享受生命。

你害怕孤独吗

很多人不喜欢一个人待着，他们总是需要做一些什么事或者找人一同玩耍好打发时间。有的人却愿意有独处的时间，静下心想一想一些事情。那么你属于哪一种人呢？你会害怕孤独吗？

【游戏测试】

假设你已经为人父母了，晚上，你的孩子想看电视，可是你特别想让他看书。这时，你会怎么说呢？

A. 宝宝，要用功看书，不然怎么能有好成绩呢？

B. 宝贝，乖，看完这个节目，就去看书哦！

C. 好宝贝，听爸爸（妈妈）话哦！

D. 宝贝，你要去看书，爸爸（妈妈）明天给你买你喜欢的那个玩具！

【心理分析】

选A：你有一种享受孤独的心理。在热闹的聚会中，你反而最容易感到孤独。你觉得尘世充满了虚伪和尔虞我诈，而你的孤独就是在对抗这种世俗的东西。你是一个特别孤傲的人。

选B：在你这里，孤独是分时候的。一个人独处或者夜深人静的时候，你反而没有强烈的孤独感。但是，如果让你一个人面对困境，或者求助受挫，你就会有强烈的孤寂感。

选C：你认为孤独是一种境界。你的见识越多，越能感受到孤独的美丽。不过，通常在孤独时，你会重新投入生活，扩展见识，来消解孤独。

选D：你是一个无法承受孤独的人。当挫折来临，生活受苦，你就有一种被世界抛弃的孤独感。

你是一个自卑的人吗

每个人都有自卑的时候。一个人如果只看到自己的缺点，自然会觉得自卑。长期自卑，会压抑一个人的个性，对自己的身心发展没有一点好处哦！这里，测测你到底是不是自卑的人，要诚实回答哦！

【游戏测试】

1. 你很爱照镜子吗？
A. 是→请回答第2题　　B. 不是→请回答第5题
2. 和朋友去吃饭，通常会AA制吗？
A. 是→请回答第6题　　B. 不是→请回答第3题
3. 你对自己的交际能力有自信吗？
A. 是→请回答第8题　　B. 不是→请回答第7题
4. 你很在意别人对你的看法吗？
A. 是→答案A型　　B. 不是→答案B型
5. 你爱到处散心吗？
A. 是→请回答第9题　　B. 不是→请回答第12题

6. 用三条木棒组成一个图案，你做的是？

A. 数字三→请回答第 10 题

B. 数学符号的"不等于"→请回答第 3 题

7. 大家一起照相时，你一定会站在中间的位置吗？

A. 是→请回答第 8 题　　B. 不是→请回答第 15 题

8. 你喜欢在一大堆人面前说话吗？

A. 是→请回答第 4 题　　B. 不是→请回答第 11 题

9. 如果来世你化身为一只动物，你希望是什么？

A. 山猪→请回答第 13 题　　B. 小绵羊→请回答第 6 题

10. 你非常喜欢热闹的气氛吗？

A. 是→请回答第 7 题　　B. 不是→请回答第 15 题

11. 对于穿着打扮的品位，你很自信吗？

A. 是→答案 B 型　　B. 不是→答案 C 型

12. 你常被人说很悠闲吗？

A. 是→请回答第 9 题　　B. 不是→请回答第 13 题

13. 中午餐一般会选择什么？

A. 面食、简单一些→请回答第 14 题

B. 丰盛的米饭套餐→请回答第 10 题

14. 到现在为止，你的人生还算顺利吗？

A. 是→请回答第 15 题　　B. 不是→答案 D 型

15. 你很喜欢自己的姓名吗？

A. 是→请回答第 11 题　　B. 不是→答案 C 型

【心理分析】

A 型：你不仅仅自信，简直很自恋

你对自己的所有，包括外貌、才能等都非常满意。你也不去关注别人的目光，只活在自己的世界里。所以，你做事很容易成功。不过，

如果遭遇了挫折，就是考验你心态的时候了，很可能你会一蹶不振，彻底否定自己。其实，客观看待自己，你才能真正快乐起来。

B型：你容易在比较中获得满足

看到不如你的人，你觉得自己实在是太优秀了，并沉浸在自己的想法中。你聪明的地方在于，总是将这样的念头放在心里。你懂得实践才是证明自己的关键。也许在宽松的环境中，你更容易成功。一旦突遇变故，你会觉得非常难受，很难挺过去。不过，一切都在于你对心态的调整，要行动，更要不断地调适自己，认准自己前进的方向，这样才能更快更准确地达到自己的目标。

C型：你对自己很了解，优缺点都非常清楚

你有时候很自卑，有时候又很自信，这取决于你的对手的强劲程度。你的缺点是遇弱则弱，如果你的身边的朋友都不如你，你就会错误地认为自己也是一个很没能力的人。其实，还是要乐观一些。

D型：你相当自卑，老觉得自己不行

明明自己也有优点，可你总是视而不见。很多事情你都还没去做，就先否定自己。调整心态，客观地看待自己，自信一些，你一定可以做到最好！

你是乐观主义者吗

如果你是个乐观主义者，那么恭喜你，因为乐观的人无论遇到什么事情都能保持一颗快乐的心；如果你是个悲观主义者，那么你就有必要注意了，因为悲观的人总是看不到近在眼前的希望。

【游戏测试】

1. 你会将半夜的敲门声当成是坏消息或麻烦事的预兆吗？

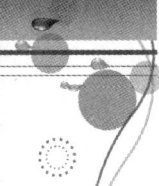

是（0分） 否（1分）

2. 为了防止衣服或其他东西裂开，你会随身带着安全别针或绳子吗？

是（0分） 否（1分）

3. 你跟人打过赌吗？

是（0分） 否（1分）

4. 你曾梦想过中头等奖或是继承遗产吗？

是（0分） 否（1分）

5. 你出门时常带伞吗？

是（0分） 否（1分）

6. 你会把收入的大部分用来买保险吗？

是（0分） 否（1分）

7. 你会在没有预订旅馆之前就外出度假吗？

是（1分） 否（0分）

8. 度假时，你会在将钥匙交给熟人保管前藏好贵重物品吗？

是（0分） 否（1分）

9. 你觉得大部分的人都很诚实吗？

是（1分） 否（0分）

10. 你热衷新计划吗？

是（1分） 否（0分）

11. 你会借钱给那些承诺还你钱的朋友吗？

是（1分） 否（0分）

12. 你会不受天气影响而继续实施原定的集体外出野餐的计划吗？

是（1分） 否（0分）

13. 你信任别人吗？

是（1分） 否（0分）

14. 如果有重要的约会，你会提早出门，以防塞车、抛锚或别的情况发生吗?

是（0分） 否（1分）

15. 你会因为医生对你提出体检建议而怀疑自己生病吗?

是（0分） 否（1分）

16. 你会在早晨起床时，期待美好一天的开始吗?

是（1分） 否（0分）

17. 你会因收到意外包裹而开心吗?

是（1分） 否（0分）

18. 你是今朝有钱今朝花的人吗?

是（1分） 否（0分）

19. 上飞机前，你会买旅行保险吗?

是（0分） 否（1分）

20. 你对未来的生活充满希望吗?

是（1分） 否（0分）

【心理分析】

将所得分数相加。

0~7分：你是个标准的悲观主义者。对你来说，生活中的各种事情有利的实在不多，随时都会担心失败的你可能很少尝试新的事物。面对困难，你会觉得人生灰暗。如果你愿意的话，可以以积极的态度去面对你生活中的问题，只要你坚持下去，就一定会逐渐建立起自信的，而且能够看到生活的希望。

8~14分：你对人生的态度比较正常。不过，在人生的大起大落中，你还是会陷入悲观，所以，你的乐观程度还不够，还需要进一步修炼，来建立更积极的心态。

15~20分：你是个标准的乐观主义者。但你需要注意的是，过分乐观会使你对事情掉以轻心，反而误事。

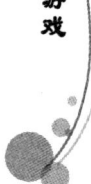

你是否过于太敏感

说起敏感，许多人顿时便敏感起来。其实，敏感未尝不好。在与人交往的过程中，敏感使你能够顾及到别人的感受，不会在无意中伤害到他人，而且，敏感也会促使你对自身与社会有更深刻的认识。所以，在社交中我们不妨敏感一点，只是不要过度敏感。你是仅仅敏感一点点呢？还是过于敏感呢？不妨来测试一下吧！

【游戏测试】

1. 当你遇到销售小姐问你是否想免费化妆，这时你觉得她为什么会问你这个问题？

  A. 你看上去憔悴（2分）

  B. 她可以从卖给你的商品中获利（1分）

  C. 她希望你能喜欢尝试最新的化妆品（0分）

2. 你和男友一起外出，当你看到一个孩子并且问男友是否喜欢孩子时，结果遭遇他的不置可否，而且晚上回去他也没有像往常一样给你打电话，这时，你会怎么想？

  A. 除非有另外一个人告诉你你的男友是在逃避你的问话，而且这个人是你十分要好的朋友，否则你是不会相信的（0分）

  B. 心里略觉恐慌，也许你不应该提到孩子（1分）

  C. 希望自己没曾提过孩子的问题（2分）

3. 你因为生气而做出使朋友摸不着头脑的事情多吗？

  A. 一两次，不过是因为我对他的误解造成的（1分）

  B. 从来没有（0分）

C. 经常这样（2分）

4. 当你穿的衣服被朋友问道："是不是过时了？"你认为这句话意味着什么？

A. 你的衣服的确过时了（2分）

B. 因为朋友一直以来都觉得你是时尚的追随者，所以你的衣服也一定时髦（0分）

C. 或许你应该换上别的衣服（1分）

5. 倘若你的老板说他一个月之内没有时间来阅读你的计划书，那么你的反应会是什么？

A. 计划书没有抓住老板的心（1分）

B. 他太忙，暂时无法放下手中的事情来阅读你的计划书（0分）

C. 他已经阅读完毕，只是不喜欢而已（2分）

6. 如果与你初次约会的人在一周之后还没有给你打电话，你会作何感想？

A. 或许他并不喜欢你，之所以与你约会，仅仅是出于同情（2分）

B. 或许只是时间问题，倘若他对你的印象不错，就一定会打电话给你的（1分）

C. 或许他只是不想让你觉得他太过心急（0分）

7. 如果你的恋人买给你的衣服完全不适合你，你会怎么做？

A. 给自己找个借口原谅他（1分）

B. 虽然礼物不称心，但他至少有这份心（0分）

C. 表示感谢，但忍不住会去想或许自己平时穿的衣服并不是恋人喜欢的衣服（2分）

8. 时隔数月，当你再次见到曾经的恋人，恋人说："你看起来很不错。"在你看来，他的话意味着什么？

A. 他很高兴你们还能如此友好地面对彼此（0分）

B. 看来你已经从分手的阴影中走出来了（2分）

C. 他只是实话实说，他并不是有意要说这句话的（1分）
9. 如果上司在进会议室前背着你咕哝了几句，你会怎么想？
A. 他一定说了我的坏话（2分）
B. 还好，他没有发现我（0分）
C. 一定是发生了什么事情（1分）

【心理分析】

将所得分数相加。

15分及以上：你太过敏感。如果你不是天生的敏感，那么就是因为你太过纠缠于一些没有深层含义的事情，如果继续这样下去，你可能会成为一个偏执狂，你和你身边的人都会受其折磨。或许生活中的你是一个完美主义者，所以你总是害怕自己达不到期望的标准，同时，你也缺少几分自信，应该试着去解开心中的疑团，试着与当事人主动沟通，因为解铃终须系铃人。

7~15分：你的敏感刚刚好。你既能顾及到别人的感受，又不至于过分让它左右自己，因为你可以通过自己的思考与判断来解答每一个疑团，同时你也懂得旁敲侧击。你是一个不愿意委屈自己的人，所以你不会让任何不确定因素将你左右，而且，当你这样想的时候，你会发现，你总是能够有所收获。

7分及以下：你与敏感不沾边。不知是何种原因令你如此顿感？或许你会认为这也是一种优点，可以避免因敏感而带来的麻烦，但是，我们每个人都是在与别人交往的过程中度过一生的，因此我们难免会遇到一些意想不到的事情，如果只是一味地敏感，势必对他人漠然。所以，建议你多跟身边的人交流，多听听他人对你的评价，多一点反省，如果你能这样做，你会发现，身边的朋友会多起来。

第四章 成功潜质：成功距离你还有多远

　　世界上的每个人都是独一无二的，这独特的个性品质就是开启成功之门的钥匙。然而，我们很多人都被平凡的生活磨平了棱角，因此变得平庸无奇，与成功擦肩而过。现在就来测一测你有哪些成功的潜质吧，找到你特有的能力与品质，并加以合理利用，成功便会不期而至。

你身上的成功潜质是什么

每个人都有通往成功的阶梯，而这个阶梯就是你身上最大的潜质，到现在为止，你发现这种潜力了吗？你是如何发现的？你还有类似的其他潜质吗？不妨来做个小测试，让心理学来帮你找到答案。

【游戏测试】

闲暇时，喜欢钓鱼的你会选择在什么地点垂钓呢？

A. 山谷的小溪边　　　　B. 海岸边
C. 人工养鱼池　　　　　D. 乘船去海边

【心理分析】

选A：你具有高远的目光。喜欢制定详细的工作计划，对于眼下与近期的行程安排，都能尽善尽美，这些都是你可能取得成功的潜质，然而你做事比较保守，不敢轻易作出决定，又不能专心致志地从事一项工作，这就是你成功的障碍。你只有扫除障碍，尽量发挥潜力，才可能获得成功。

选B：你很喜欢追求投资的回报率。无论做什么事，你都会考虑其后果；没有结果或是不能获利的事你更是不会问津。因此，你很有生意人的头脑。

选C：你从不打没有准备的仗，很会运用战略与战术，而且在行动中十分冷静果敢。但是，你热衷于争功，这会成为你成功的绊脚石。

选D：你对待工作极其狂热，喜欢乘风破浪的快感，一股脑儿地拼命，而你的这种一往无前的劲头也正是你成功的保障。

你属于哪种人才

不可否认,每个人都是某一方面的人才。你是不是意识到了自己在某方面的特长,并加以发挥和利用,或许并不尽然。通过一个小小的测试,你就能知道自己到底算哪方面的人才。

【游戏测试】

某天深夜,你加班已经很疲惫,公司离家的距离很近,于是你决定步行回家,顺便放松一下,享受夜晚的清凉。可是,等你到家时,却发现钥匙忘带了,而家里门窗紧锁。此时家人已经熟睡,敲门敲窗也没有人回应。想打电话,才发现电话不知什么时候已经没电关机了。而公用电话在原路返回去的公车站,你沮丧地下楼,不死心地回头一看,二楼的窗口竟然还有一丝光亮。这种情况下,如果是你,你会怎么办?

A. 不管想什么办法,就是弄坏了锁,也要把门打开

B. 脱下一只鞋子,或捡个东西扔向二楼

C. 还是返回车站打电话吧

D. 反正也回不去,不如去酒吧,说不定那里能打电话,不行待到天亮也可以

E. 家人睡觉再沉,总能被叫醒吧,还是拼命地敲门和窗吧

【心理分析】

选A:你是个有着一技之长的人才。遇到问题你会利用你的专业知识自己想办法解决,只是虽然有专业知识,但你的专业素质还

有待提高。

选B：你很有勇气接受挑战，不怕面对困难和险境，工作对你来说就像是作战，你喜欢这种感觉，有着很好的开拓精神。

选C：你冷静、理智，属于企业型人才。你很重视企业内的人际关系和团体工作氛围，有忠诚感，在企业遇到困难时会选择与企业共存共荣。

选D：你属于运动型人才。遇到问题时会另辟蹊径，绝不会在一条道上走到黑，头脑灵活，想法比较多，但是偶尔会有冒险举动。

选E：你是一个耐力型人才。做事容易钻牛角尖，有些偏执，缺乏开拓精神，但耐力非常好。

你属于哪种创业者

创业是职业生涯的另一个阶段，从这个起点出发，你将踏上由自己掌控的人生旅程，漫步在自己铺就的大道或小路上向着心中的目标奔去。可能路上会有泥泞、会有坎坷、会有荆棘，走得磕磕绊绊，但是你的性格将指引你走向自己的目标。测试一下看看你在创业的路上会表现出的特质是什么？

【游戏测试】

过生日的时候，你最希望得到的礼物是什么？

A. 一大捧鲜花　　　B. 一辆高级轿车　　　C. 一座豪宅
D. 一本好书　　　　E. 以上都不是

【心理分析】

选A：你显然有着浪漫情怀，这种浪漫给你带来了乐观、积极、向上、充满活力的性格。创业路上的挫折对你来说只是一阵雨,下过了还要继续赶路。虽然信心不是很足,但是你会用自己热情的性格感染和激励合伙人一起前进,所以,最好还是找个搭档一起创业吧,你不太适合独自创业。

选B:你有着很强的自我意识,个性鲜明,思想也比较前卫,很有主见。你通过自己的努力能够开辟出一片属于自己的天地,但正因为你的自我意识太强,很容易否定别人的意见,所以还是独立创业为佳。

选C:创业的路上,你展现的更多是坚韧和坚强,虽然一路之上会有无数艰辛,但这些对你来说都不算什么。你会默默耕耘、点滴积累自己的财富,遇到挫折时也能屈能伸,因为有远大的志向为你指引。这样的你更容易用行动做出表率。

选D:你的智慧过人,在创业中遇到问题时会冷静地分析,思虑再三后才会作出决定。你沉着稳重、有勇有谋。你的冷静和稳重会让你少犯错误,但是容易错失最佳的时机。

选E:你显然有着更多的创新精神,创业时不会跟着别人走,有自己的一套。这样的你很有开拓精神,容易抓住市场先机,但是也容易遭遇更多的风险和阻碍。只要你能够坚持下来,就一定会取得成功。

你有良好的团队合作精神吗

一个人必须要有合作精神,无论是跟自己的上司、下级还是商业伙伴。只有通力合作才能用最短的时间、最少的资本去赚取更多的利润。你有团队合作的精神吗?

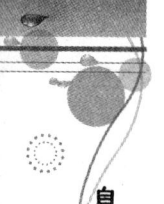

自我测试的心理学游戏

【游戏测试】

1. 当你就某一个问题与另一个人争论不休时，你的表现是什么？

A. 顽固地坚持自己的看法（3分）

B. 再试着沟通一下彼此的想法（4分）

C. 坚持自己是正确的，但不会强求对方的认同（2分）

D. 请旁观者公平论证（1分）

2. 当你做了一件错事，不巧被别人发现了，你会怎么做？

A. 主动承认错误（3分）

B. 拒不承认（4分）

C. 找很多合理的借口来掩饰自己的错误（2分）

D. 一股脑儿把责任推掉（1分）

3. 假如和同伴去游玩，饥渴难忍时，你看见一棵挂满果实的梨树，你会怎么做？

A. 叫上同伴一起去摘梨（4分）

B. 先自己解渴后再说（2分）

C. 让同伴去摘（3分）

D. 只叫上最好的同伴（1分）

【心理分析】

将所得分数相加。

11~12分：你有与人沟通的习惯，表示你很适合团体工作。你的人际关系也会因这种合群的观念而发展顺利。但你也不必为了讨好别人而委屈自己。

9~10分：你为人比较客观，个人主观意识不强。因为你淡化个人的主观意识，所以让人觉得你不是一个很自大或很专制的人。这种做法对你的团体合作非常有利，而且也会提升你的公信度。

6~8分：你这种放弃自己主见和权益的做法会让人家觉得你根本不重视这个工作，也不尊重团体中的参与者。为了维护自己的人际关系，你会设法减轻自己的过失，或许这种做法能减轻别人对你的敌意，却不能挽回你的形象。

3~5分：你是一个有主见且对自己有信心的人。或许因为你太自信和太主观而显得有些自大。你的自信或许是你成功的条件和本钱，但也非常有可能是你人际关系的致命伤。因此你最好要多听听别人的意见，既要坚持自己的意见，也要通过沟通让别人心服口服。

看看你的抱负指数如何

抱负也就是理想，是你为之奋斗的目标，想取得成功的人都有远大的抱负。有雄心，有抱负，才能让你全身心投入，才能让你为之奋斗不息。也只有如此，成功的好运才能离你更近。

当然，很多人都有抱负，但现实生活中成功的人却很少，因此抱负不仅应该远大，还应该明确可行，不能不切实际。下面，来测测你的抱负指数如何吧！

【游戏测试】

1. 全家计划周末去郊外玩，但是临下班前通知要加班，你会怎么处理？
    A. 工作为重，打电话跟家人解释清楚，打算以后再弥补
    B. 感到很郁闷，尝试跟上级协调，尽量把工作交给同事
    C. 想个借口，赶紧回家
2. 做一件事情，如果达不到你原来的要求，你会怎么看？

A. 达不到你的要求，你就不会放手，直到做满意为止

B. 尽量做好，但也不至于太苛求

C. 做完就好，不要太在意结果

3. 你对兴趣和工作分得很清楚吗？

A. 是的，兴趣和工作完全分开

B. 工作就是自己的兴趣

C. 有时候把兴趣带到工作中去

4. 你认为人生中最重要的事情是什么？

A. 工作和生活中的成就感

B. 享受生活，过得舒心才最重要

C. 没想过人生中最重要的事情

5. 做一件没从事过的工作，你会先从哪方面着手？

A. 先学习工作方法

B. 先学习技术

C. 无从下手，做到哪里算哪里，等做不下去了再说

6. 对于生活中的失败经验，你会耿耿于怀吗？

A. 反复想到，会总结经验，很长时间都不会忘记

B. 只要不是太大的错误就会忘记

C. 一般不会太计较成败

7. 你认为自己做事情好胜吗？

A. 是的，凡事都争强好胜

B. 不一定

C. 从不争强好胜

8. 手头的事情如果从难易程度分，你会选择先做哪种？

A. 从最难的做起

B. 从中等难度的做起

C. 从最简单的做起

9. 你认为你有完美主义的倾向吗？
A. 有　　　　B. 不确定　　　　C. 没有
10. 你内心深处认为自己是能成就一番大事业的人吗？
A. 坚信不疑
B. 对自己的能力等方面表示怀疑，不确定
C. 没想过

【评分标准】

以上10个小问题，如果选A得5分，选B得3分，选C得1分。然后，把分数相加在一起得到最后的总分。

【心理分析】

10~15分：你的抱负心不强，属于胸无大志的类型。你把工作标准放得很低，相应的对自己的要求也不严格，虽然性格随和，但是在工作上不能发挥出你的最大能力。你认为平稳地生活最安全，但是如果长期下去，会消磨掉你的意志，等需要你发挥才能的时候，你会追悔你曾经的疏忽，让自己一事无成。

16~35分：你有较强的抱负心，做事情也算积极努力。能妥善处理好自己的能力和任务完成水平之间的关系，失败了也能正确对待。你身心健康，但还要不断提高自己的工作能力。

36~50分：你的抱负心很强，追求成功和完美，做事情从不半途而废。如果出现一点让你感到不满意的地方，你就会很长时间都缓不过劲儿来。你经常生活在一种紧张、焦虑的氛围中。你也许应该为自己创造一种轻松愉快的气氛来调剂身心，使工作完成得更为出色。

你对成功的欲望指数有多高

有欲望才有动力,哪怕有那么一天,你变得身无分文,但只要你仍对成功的欲望,你就一定能走出困境。你对成功的欲望有多大呢?不妨通过下面这道题来测试一下吧!

【游戏测试】

一个人正在滑雪,在他前面的地上出现了一个凹洞,里边有冬眠的熊,而他并不知道。你认为接下来在这个人身上会发生什么事情?

A. 掉到洞里遭熊攻击

B. 轻松地跳过洞穴

C. 有人告诉他有危险,他转变了方向

D. 在到达洞穴之前突然滑倒

【心理分析】

选A:你是那种在挫折面前容易将过错推给他人的人,同时,你在挫折面前老是往坏的地方想,而不是全力以赴地努力,所以,即使一些事情明明有好转的迹象,也会变得非常糟糕而无法收拾。

选B:你是个很勇敢、坚决的人,对自己的努力与才能很有自信,遭遇到的挫折反而会激起你内心的战斗意志。

选C:你身边有很多热心助人的朋友,他们会在你有困难的时候伸出义不容辞之手,所以在很多人看来,你是那种有贵人相助的人,而且这也使你变得极其乐观。如果你愿意的话,还是可以通过各种方式来增强你对成功的欲望的。

选D：你天性浪漫，且爱做白日梦。对于那些算命学说，你有很大兴趣。在你看来，诸事不顺似乎是运气不佳的结果，如果你还没有同感的话，或许可以举个例子：你是不是相信有不明飞行物存在？我想你的回答是肯定的。

你事业上的软肋在哪里

工作的过程中，你有很多优点，谨慎、认真、刻苦、努力，能够克服强烈的挫折感，处理事情很有自己的想法和特色。但是，我们都不是完人，都有一些软肋，你事业上的软肋在哪里呢？测试一下，你就知道了。

【游戏测试】

每个人都希望在事业上有所成就，但是一些事业性格的缺陷却阻碍着自己目标的实现。你有没有过这样的经历，某天上街买了一样自己当时很喜欢的东西，但是回家后怎么看怎么不顺眼，后悔自己当时的冲动。这时，你认为可能是什么让你后悔呢？

A. 品牌没名气　　　　B. 价格太贵了
C. 样式或颜色太普通了　D. 大小不怎么适合
E. 有些落伍了

【心理分析】

选A：你太注重别人的眼光和看法了，你希望受到别人的重视，这对你来说似乎比工作成绩更重要。你会想办法提高自己的地位和知名度，高品位会让你不知不觉成为高消费者，如果你一味地追逐金钱满足消费，不如反省一下，你要知道，工作上的更好表现，才是博得别人重视的最硬资本。

选B：你很懂得理财，金钱观念很强。但是抵挡诱惑的能力太差，你总会被一些琐事打扰而不能专心于自己的事业。如果你能不断提高自己的专业技能，加强自己的谋生能力，那前途将是非常光明的。

选C：你有着很挑剔的眼光，总是很容易对别人挑三拣四、指手画脚。你对很多事情来不及多加考虑，又喜欢让别人给你提意见，但又常常否定别人的意见。这样的你最需要的是提高自身的素质和品味，不要太在意别人的眼光。

选D：你因为自己无拘无束的个性而博得了好人缘，好奇心重的个性让你常常异想天开地作出些惊人的决定。你似乎很少害怕和畏惧什么，但你却常常马虎大意，你需要将自己训练成为一个胆大心细的人。

选E：你天性活泼开朗，有着极其充沛的精力。是个闲不住的人，不是和朋友一起出去逛街，就是一起去游山玩水。同时，你很争强好胜，什么事情上都要争个你高我低的。要想保持这样的劲头，就需要你训练自己某一方面的特长，用优秀的表现来满足自己的荣誉心。

你最欠缺的能力是什么

每个人都有缺点，唯一的区别是缺点的不同。你的缺点是"致命"的吗？如果不是"致命"的，会不会是难缠的绊脚石？你想过去克服它们吗？你是怎么看待缺点本身的？不妨先来测一下你最大的绊脚石是什么。

【游戏测试】

假如有一天你真的可以看到地狱的状况，你希望看到什么？

A. 阎罗王的审判过程　　　　B. 受刑的过程

C. 投胎的过程　　　　　　　D. 地狱工作人员的休闲生活

E. 上天堂的人做了什么事

【心理分析】

选A：你没有自主能力。在别人眼里，你是逆来顺受之人，因为你不喜与人攀比争斗，不过你不想因此而被人看扁，所以常常会在内心跟人过不去，那么，你有没有想过，这样反而更伤害了你自己。建议你可以多培养自己的兴趣、想想如何规划自己工作以外的生活。

选B：你是那种只在乎自己的人，所以在别人眼里，你似乎有点冷漠，无同情心。当你遭遇困难时，你会将它无限扩大，但若是别人的困难，你会觉得没什么大不了的。建议你学着去关心别人。

选C：你缺乏变通能力，你在生活上给人很固定的感觉，或许你会觉得这是一种踏实，但这并不是踏实，甚至可以称作愚昧。所以，建议你经常反省自己，多注重自己的真实感受，当你需要讲出真心话的时候，不妨勇敢地说出来。这时，你会发现生活大有不同。

选D：你是那种缺乏定力之人。虽然你在生活上是个脑筋较为灵活的人，但是你很难被人了解，因为你的思想很独特，而且你所感兴趣的事情也很难被他人认同。你的生活相当不稳定，这一点你自己也能感觉到，因为你知道自己很不踏实。建议你要克服自己老是跟他人唱反调的习惯，把自认为是对的事情放在一边，多听取大

家的意见。

选 E：你最缺乏的是刻苦精神。虽然你做事有规划、重步骤，是个能获取最大利益的人，别人感觉你很稳重，甚至是值得依托之人，但是你天性稍显懒惰，而且缺乏必要的感性力量，你似乎不知道感情的可贵，给人一种不太真实的感觉。所以，如果你能在勤劳刻苦的同时，再付出一点情感，你的前途将是一片光明。

你的竞争意识如何

在成功的道路上，你并不是孤军奋战，一路上你会遇到朋友、敌人。从朋友那里你能得到鼓励，从敌人那里你能学会战斗。当你和敌人狭路相逢在一条独木桥上时，你怎么才能战胜对手，取得成功？这时就有需要有强烈的竞争意识。

【游戏测试】

请对下列描述作出"符合""中间态度""不符合"的判断。

1. 喜欢选择同事比较多的办公环境。

2. 朋友买了新房子，邀请自己去参观，参观时会在暗中把朋友的房子跟自己的作比较。

3. 很在乎别人对自己衣着的评价。

4. 大学同学会上，会说一些夸张的话，表示自己不比别人差。

5. 当外人问及你的私生活的时候，你都回答说"很好"。

6. 愿意从跟别人的比较中感受到满足。

7. 在谈话中，别人说的内容是你不懂的，但是你会不懂装懂地继续谈话。

8. 个人用品上，追求品质和名牌。

9. 认为"友谊第一，比赛第二"在比赛中并不适用。

10. 在比赛中愿意选择个人项目多过团体项目。

11. 你与能力比你强很多的同事无法很好地相处、共事。

12. 你非常讨厌别人在你面前夸夸其谈。

13. 为了比其他人表现得更出众，你愿意付出更多的努力。

14. 你以和领导的关系非比寻常而在办公室里有优越感。

15. "物竞天择，适者生存"是至理名言。

16. 如果能得到高额的薪水和特殊的奖励，你宁愿选择放弃个人的娱乐生活。

17. 如果没有必胜的把握，你一般不参加比赛。

18. 喜欢自己挑战自己。

19. 比较欣赏那种开始时没有优势，但是笑到最后的人。

20. 事情做得越来越不顺利的时候，你不会轻易想到放弃。

【评分标准】

以上20个描述，与自己情况相符的记3分；持中间态度记1分；不符记0分。统计一下自己的得分。

【心理分析】

0~20分：在生活和工作中，你尽量回避竞争和竞争带给你的压力。因为你从心里害怕失败，不敢承受竞争过程中对你的考验。但是你也要清楚地认识到，这是个竞争的社会，没有竞争意识等于缺乏生命力。往往你最害怕竞争和失败的经验，但是这种情况却总是和你不期而遇，你需要转变观念，接受竞争带来的进步。

21~40分：你不会在所有的事情上表现出争强好胜的竞争意识。虽然不是无所不争，但若有足够的成功的果实，就会增加你的竞争性。你很容易受到奖励机制的刺激而参与竞争，你不享受竞争的过程，但是重视竞争的结果，你可能会为你认为值得的报偿去竞争。

41~60分：你性格外向，好胜，在群体中非常引人注目，属于有自觉竞争意识的人，且成功的企图明显。你有着良好的个人形象和正确的工作态度，对取得成功有必胜的信心。对你来说，竞争是一种生存状态，从竞争中你不但能找到自我肯定的成就感，也能学习到更多的东西，挑战自我，激发潜能。你的这种对待竞争的态度决定了你将在竞争中处于优势。

你是如何看待竞争的

竞争无处不在，只要处在生活的洪流之中，就会面对竞争。你是如何看待竞争的？竞争带给你的体验是什么？

【游戏测试】

如果你有一次死后重生的机会，但是有一个条件，那就是你只能变成一种动物或植物，却不能成为人，那么你希望变成下列哪种生物？

A. 不会动的植物　　　B. 会飞的动物　　　C. 细菌

D. 会游泳的动物　　　E. 在地上跑的动物

【心理分析】

选A：你是一个喜欢安定的人，这或许与你的性格有关系，因为你不喜欢竞争，在你心中，排在前面的永远是家庭、爱情和朋友。

选B：你自始至终都怀着雄心壮志，同时也有着旺盛的精力和高超的能力。所以，只要你踏实努力，一定会成就一番事业的。

选C：你是一个有责任感的人，能很好地对待自己的本职工作，而且大家也愿意将重要的工作交给你做，你虽不是什么风云人物，但却可以做一个务实的领导。

选D：你是一个富有创造性的人，你渴望成就一番事业，不过，向艺术方面发展，会令你如鱼得水，成功自然也会来得快一点。

选E：你很踏实，会将自己的兴趣、爱好与要选择的工作结合起来。你认为这样能发展你的事业，你可以永远努力下去。

你具备创业者的潜质吗

你一定想过自己创业吧，其实创业是难的，它需要承受来自各方面的压力。下面，就来测一测现在的你具备哪些创业者的潜质。

【游戏测试】

请对下列描述作出"经常""有时""很少""从不"的判断。

1. 在急需决策时，你在想"再让我考虑一下吧"。
2. 你会为自己的优柔寡断找借口说"得慎重，怎能轻易下结论呢"。
3. 你为避免冒犯某个有实力的客户而有意回避一些关键性的问题，甚至有意迎合客户。
4. 无论遇到什么紧急任务，你都先处理日常的琐碎事务。
5. 你非得在巨大压力下才肯承担重任。
6. 你无力抵御妨碍你完成重要任务的干扰和危机。
7. 你在决策重要的行动和计划时，常忽视其后果。

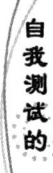

8. 当你需要作出很可能不得人心的决策时，会找借口逃避而不敢面对。

9. 你总是在晚上才发现有要紧的事没办。

10. 你因不愿承担艰巨任务而寻找各种借口。

11. 你常来不及躲避或预防事故的发生。

12. 你总是拐弯抹角地宣布可能得罪他人的决定。

13. 你喜欢让别人替你做你自己不愿做而又不得不做的事。

【评分标准】

以上有13个描述，根据自身的情况，"经常"记4分，"有时"记3分，"很少"记2分，"从不"记1分。然后，把分数相加在一起得到最后的总分。

【心理分析】

50分及以上：说明你的个人素质与创业者相去甚远。

40~49分：说明你不算勤勉，应彻底改变拖沓、低效率的缺点，否则创业只是一句空话。

30~39分：说明你在大多数情况下充满自信，但有时会犹豫不决，不过没关系，这也是稳重和深思熟虑的表现。

13~29分：说明你是一个高效率的决策者和管理者，有望成为成功的创业者，你还等什么？

你奋斗的原始动力是什么

你为了什么在奋斗呢？单单是为了金钱？那样你的生命就太单调了。人的一生追求的就是幸福，当幸福成了你奋斗的动力时，你就具有了无限向上的力量。

【游戏测试】

准新郎和准新娘在筹备婚礼的过程中，是不能忍受任何猜疑的，如果你是准新郎（准新娘），在进礼堂的筹备期中，两人世界中出现了以下哪种问题，最会让你抓狂呢？

A. 婚礼事务的意见严重不合

B. 另一半对旧情人念念不忘

C. 双方家庭互看不顺眼

D. 两人恋情中竟然曾有第三者

【心理分析】

选A：你的奋斗原动力，和人类文明前进的动力一样，都是源自于梦想。因为有梦想当驱动力，所以你会努力去奋斗，在过程中吃苦受累也没关系，为了圆梦，之前的种种牺牲在你眼中都是值得的，也是必须付出的代价。遇到挫折想放弃时，只要想到梦想实现的远景，你就会咬着牙撑下去。

选B：你常常被人误会，但其实你并不是一个斗鸡型的人物。在职场或学校里，你并不想与别人意见相左，为此吵架更是你不愿做出的行为。他人瞧不起你的冷言冷语，会让你咽不下这口气，要做出一些成绩，向别人证明自己；但是在少数坚持的事物上，你就很"硬颈"，不愿意退让。如果四周反对声浪越来越强，你反抗的力量也会更强盛，别人的阻挠，反而会是你坚持苦干下去的太阳能。

选C：志同道合的朋友就是你的后援。在受挫时，能为你打气，平时也能相互勉励，在这样的好兄弟和好姐妹的友情支援下，你会一步步向目标前进。要是你和这些朋友之间还有共同奋斗的目标，那你会更卖力，因为这已不只是个人目标的完成，还是大伙温暖友情的最佳证明。

选D：当在职场或学校中，和你能力不相上下的敌手出现，在许多方面都会使你感到深受威胁。不想服输的你，就会督促自己求进步，和对方较劲。

你是事业心强的人吗

你的事业心强吗？如果你打算成就一番事业，你又会怎样平衡自己的工作与生活呢？下面这些测试题能准确地测试出你有无很强的事业心，不妨做做看。

【游戏测试】

1. 以下五种水果，你更喜欢吃哪种？
   A. 草莓（2分）　　B. 苹果（3分）　　C. 西瓜（5分）
   D. 菠萝（10分）　　E. 橘子（15分）

2. 休闲时光，你常去的地方是？
   A. 郊外（2分）　　B. 电影院（3分）　　C. 公园（5分）
   D. 商场（10分）　　E. 酒吧（15分）　　F. 练歌房（20分）

3. 你认为什么样的人最容易吸引你？

A. 有才气的人（2分）　　B. 依赖你的人（3分）

C. 优雅的人（5分）　　D. 善良的人（10分）

E. 性情豪放的人（15分）

4. 如果非要你选一种，你希望自己能变成下列哪种动物？

A. 猫（2分）　　B. 马（3分）　　C. 大象（5分）

D. 猴子（10分）　　E. 狗（15分）　　F. 狮子（20分）

5. 你更愿意选择什么方式解暑？

A. 游泳（5分）　　B. 喝冷饮（10分）　　C. 开空调（15分）

6. 你能容忍和下列哪种你讨厌的动物在一起生活？

A. 蛇（2分）　　B. 猪（5分）

C. 老鼠（10分）　　D. 苍蝇（15分）

7. 平时你喜欢看哪类电影、电视剧？

A. 悬疑推理类（2分）　　B. 童话神话类（3分）

C. 自然科学类（5分）　　D. 伦理道德类（10分）

E. 战争枪战类（15分）

8. 以下哪种是你身边必带的物品？

A. 打火机（2分）　　B. 口红（2分）　　C. 记事本（3分）

D. 纸巾（5分）　　E. 手机（10分）

9. 你出行时喜欢坐什么交通工具？

A. 火车（2分）　　B. 自行车（3分）　　C. 汽车（5分）

D. 飞机（10分）　　E. 步行（15分）

10. 下面几种颜色你最喜欢哪种？

A. 紫（2分）　　B. 黑（3分）　　C. 蓝（5分）

D. 白（8分）　　E. 黄（12分）　　F. 红（15分）

11. 你最喜欢下面哪一项运动？

A. 瑜伽（2分）　　B. 自行车（3分）　　C. 乒乓球（5分）

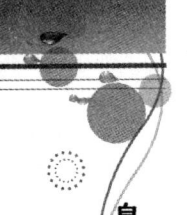

D. 拳击（8分）   E. 足球（10分）   F. 蹦极（15分）

12. 你想把梦想中的别墅建在哪里？

A. 湖边（2分）   B. 草原（3分）   C. 海边（5分）

D. 森林（10分）   E. 城中区（15分）

13. 你更喜欢以下哪种天气现象？

A. 雪（2分）   B. 风（3分）   C. 雨（5分）

D. 雾（10分）   E. 雷电（15分）

14. 如果你可以在一幢高楼大厦里拥有一间自己的屋子，你希望住在以下哪一层？

A. 七层（2分）   B. 一层（3分）

C. 二十三层（5分）   D. 十八层（10分）

E. 三十层（15分）

15. 你希望在以下哪一个城市中生活？

A. 丽江（1分）   B. 拉萨（3分）   C. 昆明（5分）

D. 西安（8分）   E. 杭州（10分）   F. 北京（15分）

【心理分析】

将所得分数相加。

180分及以上：因为你意志力强，头脑冷静，有较强的领导欲，所以你有很强的事业心，属于那种不达目的不罢休的人。你外表和善，内心自傲，在人际关系当中，你只看重对自己有利的关系。有时会急躁、盛气凌人，对于那些不讲理的人，你绝对不会放过。在困难面前，你绝对不会轻易认输。

140分~179分：你很聪明，天性活泼，善于交朋友，而且有很深的城府。你渴望成就一番事业。

100分~139分：你的思维较感性，交友时往往看重对方是否与自己投缘。你天性中有一点孤傲，遇到某些事情难免急躁。你事业心较强，喜欢有创造性的工作，所以很少按常规出牌，一般情况下，你很少妥协。

70分~99分：你有着强烈的好奇心，所以喜欢冒险，不过你的事业心一般，喜欢随遇而安。在人缘方面，或许是因为你善于妥协，所以身边总是围着朋友。你的耐心不是很好，有时还有点胆小。

40分~69分：你性情温良，重友谊，性格踏实稳重，但有时也会表现得非常狡黠。在事业方面，你喜欢随遇而安，不喜欢过分强求。你能认真对待本职工作，但对自己专业以外的事物没有太大兴趣。

40分及以下：你生性散漫，童心难泯，富于幻想。在社交方面，你聪明伶俐，待人热情，爱交朋友，但对朋友没有严格的选择标准。你的事业心较差，更喜欢选择享受生活。聪明的你虽没有很好的意志力，且我行我素，但待人真挚热情。

你用什么样的态度做事

有些人在做事前总会经过一番考量，为的是做好；而有些人会边做边想，让人觉得他们雷厉风行；还有一些人是完全不考量的，似乎靠一种侥幸行事。那么你是哪一种呢？不妨做一下下面的测试。

【游戏测试】

当饥肠辘辘的你赶上家里要宴请客人，而客人还没到，你会怎么办呢？

A. 即使饿着，也执意等下去

B. 先找些零食、泡面什么的，垫垫肚子

C. 婉转地告诉爸妈

D. 赶快去吃点好的

【心理分析】

选A：你是那种死要面子活受罪的人。若是你能将这种精神发挥到工作和学习上，或许你也可以想到，你的前途将是一片光明。

选B：你具有很强的竞争意识，所以很少服谁。不过你也要注意，不要因太过冲动而失控。

选C：你是那种做事不经过考虑的人。只要是你想做的事，你会不顾一切地去做，即使有再多人的反对，你也会置若罔闻。

选D：你是那种做什么事都要叫上别人的人。还好，你能言善道，又计划周密，很少令朋友失望，所以他们都愿意陪同你，至少是无法拒绝你。所以，你要始终记住，善待朋友、善待你所拥有的一切。

第五章　为人处世：
你是社交达人吗

　　有些人就是那么受人喜欢，不管和谁都能结交，不管走到哪里都给人留下很好的印象。其实一切还是自身引起的，也许你也想要一个好的人际交往能力，只是心有余而力不足，那你知道原因吗？赶紧测试一下找到原因吧！

你的社交能力如何

在社交过程中最容易发生的事情就是：偏重对人的道德和性格做出结论，而很少去剖析一个人的内心世界，更不会去关注他身处的环境，所以很多人很容易会对他人产生误解，因此很难与之保持良好的社交关系。在社会交往中，你是否也经常犯这样的错误呢？你的社交能力如何？你能与人和睦共处吗？不妨来测试一下你的社交水平。

【游戏测试】

1. 如果你想在你们新婚的房子周围筑上一道围墙，那么你希望这道围墙是由什么材料做成的？

    A. 砖　　　　　　　B. 小树
    C. 铁栅栏　　　　　D. 木栅栏

2. 如果你继承了一大笔遗产，你打算做什么？

    A. 环游世界　　　　　　　　　　B. 捐给慈善机构
    C. 一半捐给慈善机构，一半留给自己　D. 全部留给自己

3. 有一对男女，有说有笑，男子背对着我们，女子则笑得腼腆，显然女子是受到了男子的赞美或夸奖。你认为男子对女子说了什么？

    A. 你的品位高　　B. 你温柔乖顺　　C. 你很聪明
    D. 你伶俐可人　　E. 你穿着整洁又亮丽

【心理分析】

1. 第一题分析

A：你极其自信，从不服输，所以你手中握着主导权，而且你很重视自己的私生活，会对异性态度强硬，所以不时有轻浮行为出现。

B：你表面上消极沉默，不过一旦彼此熟悉，就会展现自己开朗活泼的一面。你很看重朋友的质量，就如同看重家人一样。所以，你的朋友不是很多，但都是好朋友。

C：你是开朗之人，又有着宽广的胸怀，所以你是社交高手。你需要注意的是，千万要小心，别被人误会。

D：你善恶分明，喜欢你喜欢的人，漠视你漠视的人，有些人会因此而误解你，不过，只要是你认可的人，你就会全心付出。

2. 第二题分析

A：你很热情，善交游，相比独处，你更喜欢群居，而且也懂得借用别人的力量来完成自己的事情。

B：在人群中，你不是一个亮眼的人，但也正因为如此，会让你博得大家的信任，所以，你会随着时间的推移而被更多人喜欢。

C：你的个性不是很开朗活泼，所以无法在人群中与大家打成一片，不过，也是因为你没有过分鲜明的个性，众人也能接受你。

D：如果可以的话，你会选择尽量不与人接触，这完全是因为你对别人缺乏信任，甚至有点被害妄想症的意思。

3. 第三题分析

A：因为你注重时尚，所以会对身边差你一等的人感到不耐烦。

B：为人宽宏大量，极少与人发生不快，但心里常有缺少什么的感觉。

C：你不仅动手能力强，而且学习能力也毫不逊色，对于别人留给你的任务，你总会按时完成。

D：善于社交，家庭生活圆满，有克服困难的能力。

E：单纯而天真，即便被卷入矛盾是非中也能全身而退。

交际能力决定你适合从事什么职业领域

在与人交往中,你属于主动型,还是领袖型或是依从型?你认为你的职业方向是对的吗?要了解自己在人际交往中的类型及其与自己所在职业领域的关系,请做下面的心理测试。

【游戏测试】

请对下列陈述作出"是"或"否"的选择:

1. 碰到熟人时会主动打招呼。
2. 常常主动发消息给友人表达思念。
3. 旅行时常常与不相识的人闲谈。
4. 有朋友来访会从内心里感到高兴。
5. 没有引见时很少主动与陌生人谈话。
6. 喜欢在群体中发表自己的见解。
7. 同情弱者。
8. 喜欢给别人出主意。
9. 做事总喜欢有人陪。
10. 很容易被朋友说服。
11. 总是很注意自己的仪表。
12. 如果约会迟到会长时间感到不安。
13. 很少与异性交往。
14. 到朋友家做客时从不会感到不自在。
15. 与朋友一起乘坐公共汽车时不在乎谁买票。
16. 给朋友写信时常诉说自己最近的烦恼。

17. 常能交上新的知心朋友。
18. 喜欢与有独特之处的人交往。
19. 觉得随便暴露自己的内心世界是很危险的事。
20. 对发表意见很慎重。

【评分标准】

第1、2、3、4、6、7、8、9、10、11、12、13、16、17、18题判断"是"记1分,判断"否"不记分。第5、14、15、19、20题判断"否"记1分,判断"是"不记分。

【心理分析】

1~5题(总分):分数说明交往的主动性水平,得分高说明交往偏于主动型,得分低则偏于被动型。主动型的人在人际交往中总是采取积极主动的方式,适合需要顺利处理人与人之间复杂关系的职业,如教师、推销员等。被动型的人在社交中则总采取消极、被动的退缩方式,适合不太需要与人打交道的职业,如机械师、电工等。

6~10题(总分):分数表示交往的支配性水平,得分高表明交往偏向于领袖型,得分低则偏于依从型。领袖型的人有支配和命令别人的欲望,在职业上倾向于管理人员、工程师、作家等。依从型的人则比较谦卑、温顺,惯于服从,不喜欢支配和控制别人,他们愿意从事需要按照既定要求工作的、简单而又比较刻板的职业,如办公室文员。

11~15题(总分):分数表示交往的规范性程度,高分意味着交往严谨,得分低则交往较随便。严谨型的人有很强的责任心,做事细心,适合的职业有警察、业务主管、社团领袖等;而随便型的人则适合艺术家、社会工作者、社会科学家、作家等职业。

16~20题(总分):分数说明交往的开放性,得分高偏于开放型，得分低则意味着倾向于封闭型，如果得分处于中等水平，则表明交往倾向不明显，属于中间综合型。开放型的人易于与他人相处，容易适应环境，适合会计、机械师、空中小姐、服务员等职业；封闭型的人适合的职业有编辑、艺术家、科学研究工作等。

你是很世故的人吗

世故，似乎就是圆滑，但是，它也能说明一个人的精明。当然，世故圆滑总是不得已而为之。生活中有很多事情我们控制不了，只能委曲求全；很多我们可以争取的事，应该努力去争取。而且，世故不等于自私狭隘。有的时候，我们需要尽些义务；有的时候，我们需要挺身而出。选择世故，不是选择完全的事不关己，我们有义务为了正义去奋斗，只有这样，我们的利益才能得到真正的保证。既然如此，不妨测测你是不是一个世故的人。

【游戏测试】

1. 在享受别人的服务时，会觉得过意不去。

   A. 是的　　B. 很难说　　C. 不是的

2. 工作间歇，总要比别人多休息一会儿才能振作精神。

   A. 是的　　B. 很难说　　C. 不是的

3. 偶尔需要一些勤快的体力劳动。

   A. 是的　　B. 很难说　　C. 不是的

4. 喜欢有教养的人，讨厌鲁莽的人。

   A. 是的　　B. 很难说　　C. 不是的

5. 对于被人留下的残局，你会主动负责。

A. 是的　　B. 很难说　　C. 不是的

6. 当你处在快乐当中时，会不会有好景不长的感觉。

A. 是的　　B. 很难说　　C. 不是的

7. 你希望有一个什么样的工作环境？

A. 人们和睦相处　　B. 不一定　　C. 你争我斗

8. 你觉得一个民族的首要任务是什么？

A. 政治问题　　B. 不太确定　　C. 道德问题

9. 如果让你去管理一群罪犯，你坚信能把工作做好。

A. 是的　　B. 很难说　　C. 不是的

10. 如果征求你的意见，你可能会给出下列哪种陈述？

A. 杜绝患有精神类疾病的婴儿的出生

B. 不确定

C. 对杀人犯给予死刑

【评分标准】

以上10个小问题，如果选A得2分，选B得0分，选C得1分。然后，把分数相加在一起得到最后的总分。

【心理分析】

13~20分：意味着你精明能干、处世老练、行为得体，能客观而理智地看待事物，且做事游刃有余。

7~12分：意味着你比较世故，能比较客观、冷静、理智地思考问题，不过偶尔也会显得幼稚。

0~6分：说明你是一个坦白直率的人，但容易感情用事，所以，你要学会理智地面对问题。

你的沟通能力如何

社会交往，与人沟通相当重要。但是我们在社交生活中，有时会面临这样的尴尬经历：你明明想表达的是这个意思，但是别人就是不理解；你认为别人理解你的想法，而事实上他们完全误解了你；你积极地去面对问题，努力地解决问题，但是效果总是不尽如人意……

这时问题就可能出在你与他人之间的沟通上，沟通能力欠缺的话，别人很难理解你的意思，而你也并不清楚他人的真实想法，误解在所难免。可以说，想建立良好的社交关系，就必须从沟通开始。想知道自己的沟通能力如何吗？那么就请回答以下15个小问题。

【游戏测试】

1. 如果你作为一个领导，怎么回应打小报告的下属？

    A. 我不想听这些流言蜚语

    B. 我感兴趣的是工作上的事情

    C. 谢谢你让我知道事情的来龙去脉，我会处理的

2. 开会的时候，你在陈述你的计划方案，但是列席会议的人员中有一位马上表示反对你的计划，这时你会怎么做？

    A. 针锋相对，大吵一架

    B. 马上承认自己方案的问题，表示妥协

    C. 保持冷静，尽量在某些方面和他取得一致

3. 你最近被升职为部门的经理，你听说还有人也曾竞争这个职位，上班的时候，你会怎么做？

A. 暗自打听曾经和自己一起竞争的人,以后提防

B. 忽视这个问题,继续开展自己的工作

C. 记住这个问题,马上开始工作,等待适当的机会解决此问题

4. 正要下班的时候,你的领导拉着你,跟你倒苦水,你该怎么办?

A. 只有等他讲完才能回家

B. 表示不愿意听,请他明天再说

C. 找个类似家里有人生病的理由回家,同时表现出对他的同情和理解

5. 如果在工作中,某位与你竞争激烈的对手向你请教一个问题,假如你知道答案,你会如何回答他?

A. 说自己不知道,让他去请教别人

B. 立刻告诉他答案

C. 告诉他答案,然后声明自己也拿不准

6. 上司跟你一起出差,回来后同事很好奇,你会怎么回答同事的提问?

A. 回答所有问题

B. 不透露任何消息

C. 粗略回答问题,避重就轻

7. 如果某位同事为了方便外出旅游而与你调换休假时间,当你不想调换的时候,你会怎么回绝他?

A. 马上当面拒绝他

B. 说自己要回家请示家人才能答复他

C. 说自己已经预定了旅行团,爱莫能助

8. 当你正在跟领导讨论问题的时候,有人给你打来电话,你会怎么做?

A. 不接电话

B. 接电话，直到把电话内容完全听完

C. 接电话，告诉对方自己在开会，待会儿自己会打过去

9. 在公司高层会议中，你正在解释一个重要的方案，这时候某领导的秘书推门进来向此领导请示工作，你会怎么做？

A. 停止讲话，面带怒气

B. 就当什么都没发生过，继续往下讲

C. 对大家说"我们等一下继续"

10. 当你主持会议的时候，手下的人在会议上提出与会议不相干的问题，你会怎么做？

A. 打断他的提问，继续开会

B. 纵容他的提问

C. 告诉大家，等会议完了会安排给大家提问的时间

11. 最近公司很忙，大家都在周末加班，你的某个下属连续几周周末都向你提出想提前下班，你会说什么？

A. 我不能允许你再这样了，你要考虑其他人的想法

B. 今天不行，我下午要开个重要会议

C. 这个工作我需要你的帮助，你对我们来说非常重要，尤其是在周末

12. 你介意在公司组织的活动中扮演逗大家开心的"丑角"吗？

A. 介意　　B. 很难说清楚　　C. 不介意

13. 在会议中，请大家就你讲话的内容提问的时候，某人的问题表明他漏掉了你讲话中重要的一部分，这时候你会怎么做？

A. 打断他的提问，告诉他这个问题你已经讲过了

B. 等他把话说完，把问题重复一遍，解除他的疑惑

C. 为自己没把这个问题讲清楚而向大家道歉

14. 你在上学或工作的时候有当会议主持人的经历吗？

A. 没有过

B. 有过，但是不怎么成功

C. 经常担当此任，而且非常成功

15. 当同事们在讨论一个你不感兴趣的话题的时候，你手上有工作，你会怎么做？

A. 漠不关心，继续低头做自己事情

B. 边听边做自己手头的工作

C. 找到适当的机会，发表自己的想法，和大家一起讨论

【评分标准】

以上 15 个小问题，如果选 A 得 0 分，选 B 得 1 分，选 C 得 2 分。然后，把分数相加在一起得到最后的总分。

【心理分析】

0~15 分：你的沟通能力比较欠缺，因为你在人际交往中一直以自我为中心，不懂得控制情绪，总在无意间将他人伤害。在交流的过程中不能很好地表达出自己的意思，他人也很难理解你的想法，觉得很难和你交流。长此以往，你的工作很难开展，与他人协作也让你非常头疼。如果想改善这种情况，你需要从很多方面下工夫，尤其是站在对方的角度思考问题的方式，以及控制情绪方面，都需要加强培养。

16~30 分：具有良好沟通能力的你，在工作中能很好地表达自己的意思和想法，也很容易得到他人的理解和支持，所以你开展起工作来得心应手。你在工作中能很好地保持和同事、领导之间的良好关系。

你给人的第一印象是什么

第一印象是人际交往中很重要的一环，因为它是在对一个人一无所知的情况下获得的，嵌入大脑的程度较深，并且它对今后输入的关于此人的信息将产生不可忽视的作用，所以，我们有必要测试一下自己在日常生活中留给别人的第一印象。

【游戏测试】

如果以下是你的五个秘密，那么你最不希望让情人知道其中的哪一个？

A. 你极其富有　　B. 你是变性人　　C. 你得了癌症
D. 你有特殊癖好　　E. 你以前的情史

【心理分析】

选A：你给人的第一印象是一个古板的人。你极其老实善良，不管身处何方，都会循规蹈矩，在生活中与人相处也十分保守，所以留给他们的印象也就是保守。

选B：你给人的第一印象是一个花痴。从眼神到举手投足都让人觉得你是在向对方送秋波，因为你是一个自信的人。

选C：你给人的第一印象是一个怪人。别人很难接近你，不知道你在想什么。你具有艺术家的性情与气质，所以也会吸引你身边的人。

选D：你给人的第一印象是路人甲。虽然你在大家眼中像个局外人，但是你的性格比较随和，所以容易和众人相处。

选 E：你给人的第一印象是条件非常优秀，比较追求完美。你很注重自己在公众面前的形象，所以总能给人一个不错的印象。

你会拒绝别人吗

拒绝其实是一门很难的艺术。现实中，有很多人都不懂得如何去拒绝别人，有时好不容易拒绝了一回，却将对方深深地刺痛，反而更令自己苦恼了，所以，在我们试着去学习如何拒绝别人之前，有必要弄清楚我们此时的处境是怎样的。以下的心理测验，就是要看看你拒绝别人的水平如何。

【游戏测试】

如果你的朋友向你借东西，你最不喜欢他向你借什么？

A. 借钱　　　B. 借车子　　　C. 借珠宝

D. 借宠物　　E. 借你家住

【心理分析】

选 A：拒绝指数 80 分。你虽然拒绝了对方，但是你会给予对方精神上的支持，不至于令对方下不了台，所以你们的友情也不会就此中断。

选 B：拒绝指数 80 分。你也是属于那种愿意给对方台阶下的人，所以，虽然你拒绝了他，但是你们还会是朋友。

选 C：拒绝指数 40 分。你往往不知该如何拒绝别人，实在不得已时，你会选择逃避或视而不见。

选 D：拒绝指数 99 分。你虽然拒绝了对方，但是你会帮他想别的更好的办法,所以你是那种比较有爱心和耐心的人。

选E:拒绝指数55分。对于朋友的请求,虽然会让你勉为其难,但你还是会尽力而为,这也是你待人接物的准则。

你是否有社交恐惧症

现实生活中,我们总少不了与人打交道,这包括与熟人和陌生人间的交往。如果因为内向、害羞,或者到了新环境,接触陌生人而会产生恐惧情绪,以至于回避社交,学习知识和社会技能锻炼的机会就相应大大减少,工作能力也会不进则退。

那么你是否有社交恐惧症呢?做下面的小测试来看看吧!

【游戏测试】

1. 如果朋友通知你参加一个聚会,但是参加的人很多你都不认识,你的感受是什么?

　　A. 很不自然,不想去

　　B. 顺其自然,到时候去了再说

　　C. 因为能结交到新朋友而感到高兴

2. 下班的时候老板叫你单独和他一起共进晚餐,你会认为是什么理由?

　　A. 自己工作上犯了不可补救的错误,可能是被"炒鱿鱼"前的安慰餐

　　B. 不知道,只有去了才知道

　　C. 因为自己的表现出色,老板要犒劳我或者通知我加薪、升职

3. 求职的时候,被通知面试的头一天晚上,你的感受是什么?

A. 紧张得睡不着觉,在脑海里一遍一遍地重复着可能需要回答的问题

B. 有一点紧张,准备一下可能用到的资料,然后早点休息

C. 胸有成竹,跟朋友出去狂欢,缓解紧张

4. 你认为你的性格属于下列的哪一类?

A. 内向

B. 不是很明显,有时候内向,有时候外向

C. 外向

5. 跟领导谈话,你会感到紧张或者不自在吗?

A. 紧张到口吃,或者干脆不知道说什么

B. 没什么感觉,和平时一样

C. 感到是自己该表现的时刻,比平时更努力地表现自己

6. 自己一个人去繁华的闹市吃饭,你会感到不自然吗?

A. 非常不自然,所以不选择一个人去繁华的地方

B. 无所谓,一个人也有一个人的自由

C. 不会感到不自然,相反,坚信自己会遇到有意思的人

7. 你交往的朋友基本都是属于同一种类型吗?

A. 是的,因为自己只喜欢与这一类人在一起,感觉很舒服、安全

B. 不一定,没有注意过

C. 不是的,我的朋友类型很多,我都能与他们友好相处

8. 家里的电器出现了问题,必须给维修工人打电话,你会感到莫名的紧张吗?

A. 因为害怕给陌生人打电话而放任电器坏在那里

B. 有一点紧张,但是还是鼓起勇气打电话过去

C. 从来没有想过紧张,直接拿起电话就打

9. 在公交车上,你遇到一个陌生的异性向你打听道路,你的感

受是什么?

　　A. 手心出汗、脸红、口吃,或者其他一些身体上的不适感

　　B. 没有什么感觉,直接回答问题

　　C. 有点兴奋,很热心地回答

10. 你的朋友中同性和异性的比例是怎样的?

　　A. 同性明显多于异性

　　B. 两种基本差不多

　　C. 异性显然多于同性

11. 与陌生人在一起,你会很快找到话题还是等别人主动和你搭讪?

　　A. 等待别人主动和自己交谈

　　B. 不一定,看当时的情况和心情

　　C. 一般自己会很主动找到话题,与陌生人交谈,属于"自来熟"

12. 参加人多的大型酒会,你一般扮演什么角色?

　　A. "默默无闻"的大众型

　　B. "即兴发挥"的流星型

　　C. "光芒万丈"的太阳型

13. 你愿意从事什么类型的工作?

　　A. 技术性的,不需要处理复杂人际关系的

　　B. 没有特殊要求,只要自己喜欢的

　　C. 新鲜的,与人打交道的

14. 当你需要当众发言的时候,你第一反应是什么?

　　A. 不知所措,最好推辞掉

　　B. 没有感觉,随便应付一下

　　C. 有点激动,想好好表现

15. 遇到自己心仪已久的异性从身边走过,你会怎么做?

A. 赶紧埋下头，装作没看到
B. 很自然地打招呼
C. 很热情地凑上前，找很多话题来说，表现出自己的好感

【评分标准】

以上各题，如果选 A 得 2 分，选 B 得 1 分，选 C 得 0 分，将分数相加得出最后的分数。

【心理分析】

0~10 分：喜欢人际交往的你，只有在人多的时候才能发挥出超常的水平。你喜欢在人际交往中找到自我的认同感和新鲜刺激，你的性格外向，适合从事与人打交道的工作，因为你能很好地处理人与人之间的关系。

11~20 分：你不算喜欢人际交往，但是你能克服在人际交往中遇到的负面情绪。你还算能应付很多交际问题，你的朋友不算多，但是当你需要朋友帮助的时候，总能及时得到关怀。总的来说，你的人缘不错。

21~30 分：你恐惧与人交往，你讨厌面对人群，害怕和陌生人说话。这种恐惧不仅仅来自你性格的内向和害羞，而是对你以外的外在世界充满强烈的不安全感和排斥感。工作中你选择独自完成的技术性的任务，平时你的娱乐也多是躲在家中，不愿意和人打交道的你，在外人眼里属于"怪人"。这类人在人多的地方会觉得不舒服，担心别人注意他们，担心被批评，担心自己格格不入，情况轻微的人还是可以正常地生活，情况严重的话却会造成生活上的障碍，导致无法正常求学或工作。

你如何评价自己和朋友

俗话说：当局者迷，旁观者清。我们平时是如何评价自己的？又是如何评价身边的朋友的？或许在朋友眼中，我们是另外一个自己，当他们给予你这样一个回应时，是不是也就决定了你如何去评价他们呢？接下来让我们通过一道测试题来看个明白。

【游戏测试】

1. 请将以下的 5 种动物，依照你对它们喜爱程度进行排序：

母牛　老虎　绵羊　马　猪

2. 请在以下每一个名词之后写出一个形容词来表达你对它们的感觉。

狗　猫　咖啡　海　老鼠

3. 请想象一些人（这些人不仅要认识你，而且是你觉得比较重要的人），请将这些人与以下的颜色联想在一起（不要重复人名或颜色），每个人只能和一种颜色搭配。

黄色　橘红色　红色　白色　绿色

【心理分析】

1. 在你心中的排序：母牛——代表事业；老虎——代表自信；绵羊——代表爱情；马——代表家庭；猪——代表金钱。

2. 你给狗的形容词可以用来形容你的人格；你给猫的形容词可以用来形容你伴侣的人格；你给咖啡的形容词可以用来形容你对性的看法；你给海的形容词就是你对自己人生的看法；你给老鼠的形

容词就是形容你的敌人的人格。

3. 黄色——可以看作是令你终身难忘的人；橘红色——可以看作是你永远的朋友；红色——可以当成是你最爱的人；白色——这是你终身的知己；绿色——类似于那个令你终身难忘的人。

为人处世你该注意什么

为人处世是人生的必修课，尤其年轻人，在当今交往频繁人际关系复杂的社会里更是如此。也许你自己根本没有觉察到什么，而你平时的言行举止，处事模式早已在朋友那里打上了深深的烙印，想知道自己究竟要注意哪些吗？那就来测试一下吧！

【游戏测试】

1. 你觉得自己有自恋倾向吗？
   A. 是的→请回答第 2 题　　B. 不是→请回答第 3 题
2. 睡觉前你有吃水果的习惯吗？
   A. 是的→请回答第 3 题　　B. 不是→请回答第 4 题
3. 你能够很安静地独处吗？
   A. 是的→请回答第 4 题　　B. 不是→请回答第 5 题
4. 你喜欢周星驰的电影吗？
   A. 是的→请回答第 5 题　　B. 不是→请回答第 6 题
5. 在朋友们中间你是活跃分子吗？
   A. 是的→请回答第 6 题　　B. 不是→请回答第 7 题
6. 无论做什么事情都会制订计划吗？
   A. 是的→请回答第 8 题　　B. 不是→请回答第 9 题

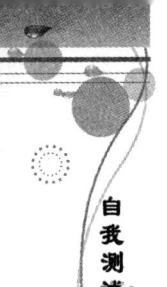

7. 你对自己的长相很满意吗？

   A. 是的→请回答第 9 题   B. 不是→请回答第 10 题

8. 你喜欢手工制作吗？

   A. 是的→请回答第 11 题   B. 不是→请回答第 12 题

9. 你会至少一种乐器吗？

   A. 是的→请回答第 12 题   B. 不是→请回答第 13 题

10. 经济上，你经常会捉襟见肘吗？

    A. 是的→请回答第 13 题   B. 不是→请回答第 14 题

11. 你喜欢玩暴力的网络游戏吗？

    A. 是的→请回答第 15 题   B. 不是→请回答第 14 题

12. 你觉得自己有坚韧的意志吗？

    A. 是的→请回答第 16 题   B. 不是→请回答第 17 题

13. 你能充分自由地安排自己的业余时间吗？

    A. 是的→请回答第 17 题   B. 不是→请回答第 14 题

14. 你养过花吗？

    A. 是的→请回答第 17 题   B. 不是→请回答第 18 题

15. 你爱看动画片吗？

    A. 是的→请回答第 18 题   B. 不是→请回答第 19 题

16. 你平时喜欢自己修理些小玩意吗？

    A. 是的→答案 F   B. 不是→请回答第 18 题

17. 你觉得自己有一幅古道热肠吗？

    A. 是的→答案 D   B. 不是→请回答第 21 题

18. 你觉得会有很多异性暗恋你吗？

    A. 是的→答案 E   B. 不是→请回答第 21 题

19. 你的感情特别脆弱吗？

    A. 是的→答案 C   B. 不是→请回答第 20 题

20. 和朋友在一起时，你总是那个提建议的人吗？

A. 是的→答案 B   B. 不是→答案 C
21. 约会时你会经常迟到吧？
A. 是的→答案 A   B. 不是→答案 D

【心理分析】

答案 A：你要注意的是别太随意。你的个性直爽活泼，很容易因为和对方混熟了之后就变得讲话太随便了，自以为这样就是和对方特别亲密，稍不留意就把别人的丑事当成乐趣说出来。千万记住，很多人是不喜欢在众人面前丢脸的。

答案 B：你要注意的是千万不要"臭屁"。你比较有领导才能与组织能力，自认为身上充满了领袖特质，在朋友面前往往一幅盛气凌人的样子，指挥别人干这个干那个，特别的"臭屁"，不要忘了，朋友敬重你但绝不代表着就愿意为你做这做那，为人还是要谦虚一点。

答案 C：你要注意的是别太依赖。在朋友中间你的口碑很好，无论谁的建议你都有很高的配合度，这并不是因为别的什么原因，而是因为你太没主见，喜欢依赖别人罢了。这样时间久了朋友们则会因为你的犹豫不决和过度依赖而觉得麻烦，你应该学着做事果断些。

答案 D：你要注意的是别太"鸡婆"了。你在朋友中间显得格外热心，也很为大家服务，但却经常头脑发热，往往还没有搞清楚事情的来龙去脉时就已经投入其中了，结果却是帮了倒忙，反而给别人制造麻烦。所以，千万别太"鸡婆"了，帮别人之前先考虑一下自己的实力。

答案 E：你要注意的是别老是装可爱。你是个特别怕麻烦的人，总是喜欢在朋友面前撒娇，装着一幅楚楚可怜的样子。希望能因此博得别人的同情与呵护，不过你要记住，偶尔为之也无伤大雅，但经常地装可爱难免会让人起一身的鸡皮疙瘩。

答案F：你要注意的是不要太犟。你为人处世非常固执，很容易对某件事产生刻板的印象。而且是见了棺材也死不掉泪。你这种死不认错的顽固脾气常常让人不知如何才好，这一点在日常交往中你必须注意，为人处世态度要温和些，多多包容不同的想法才对，这个世上不光只有你一个人是对的。

你与他人是否能和谐相处

在家靠父母，出门靠朋友。朋友是一生的财富。我们遇到困难的时候，少不了朋友的帮助。朋友相交贵在真诚，你是否能与自己的朋友和谐相处呢？来做一下下面的测试题吧！

【游戏测试】

1. 一位关系很好，但是经常丢三落四的朋友向你借贵重物品用，你怎么办？

　　A. 找个理由不借

　　B. 很自然地借出去

　　C. 告诉朋友你不借的真正原因，请求他的谅解

2. 关于朋友的秘密，你想知道吗？

　　A. 朋友应该主动告诉你

　　B. 朋友应该保守自己的秘密

　　C. 朋友应该有所保留，把我感兴趣的告诉我

3. 你的朋友犯了一个低级错误，非常可笑，你会把这个笑话讲出去吗？

A. 只要是你认识的人，你都尽可能详细地讲给别人听

B. 会讲给一些人听，但是会把名字忽略掉

C. 为朋友留面子，不把此事说出去

4. 你的朋友都是哪种类型的？

A. 各方面都不如你的

B. 大部分都比你强的

C. 总的来说和你能力差不多的

5. 你朋友来你家，不小心把你家的东西弄坏了，你一般怎么处理？

A. 先指责朋友的错误，然后说明不需要赔偿

B. 告诉朋友要照价格赔偿

C. 反正旧的不去，新的不来，刚好可以换了，不要朋友赔偿

6. 你要参加一个重要的宴会，自己却没有合适的礼服，刚好你的朋友有，你会怎么做？

A. 跟朋友说起这个宴会，然后暗示

B. 直接跟朋友说自己的需要

C. 不会跟朋友开口，自己另想办法

7. 当在牌桌上发现朋友开始失去理智的时候，你会怎么做？

A. 起身离开

B. 不发表言论，继续打牌

C. 以好朋友的身份，对他进行提醒

8. 当朋友做出不得体的事情的时候，你刚好在场，你会怎么做？

A. 明知是朋友不对，还站在朋友的这边说话

B. 实事求是地告诉朋友错误的地方

C. 不表态

9. 你的一个朋友刚喝酒开车撞了人，肇事逃逸来找你，你会怎么做？

A. 直接把他拒之家门之外

B. 帮他想办法逃跑

C. 认真地奉劝他去自首,然后帮他找律师

10. 一个老朋友做生意,急需一笔钱,刚好你有,你会帮他吗?

A. 生意的事情难说,不借为妙

B. 看在老朋友的份儿上,少借一点,意思一下,不指望他还

C. 相信他的偿还能力,借给他,支持他的事业

【评分标准】

上面10个小问题,如果选A得1分;选B得2分;选C得3分,最后计算一下自己的总得分。

【心理分析】

1~9分:相处太难。朋友跟你很难相处,最终会选择离开你。你打心眼里就不想和别人进行沟通。你太以自我为中心,与朋友交往也是你单方面的想法,根本不考虑朋友的真实想法和意愿。这样的心理状态,当然很难有什么朋友。别以为这样是好事,认为自己够独立、特潇洒,一个人总有寂寞、需要他人安慰的时候,友谊是每个正常人都需要的。你其实也不是真的不需要朋友,只是你存在着错觉而已。

10~19分:相处简单。朋友和你相处起来会觉得轻松,但是不认为你可靠。你是个随和的人,不会有太多的意见,也不会把自己的意愿强加在朋友身上,但是你太缺乏主见,让人无法觉得你是拥有独立思考能力的人,朋友可以照顾你,可以爱护你,但是不能为你完成所有的事情。毕竟,你的人生是你自己的,而朋友只能给你一点启发。要明白,与朋友交往是个最展示人格自由与健康的过程,过度的依赖或过分的感情需求,只会使你理应担当的角色趋于失败。

20~30分：相处融洽。朋友和你相处非常愉快，你可以成为他们一生的至交。你乐观开朗，乐于助人，宽容随和，并且懂得尊重别人；你的交友原则是互利互助、彼此独立，这使得朋友们感到与你在一起既愉快又轻松，你受到大家衷心的欢迎。

你的人缘够好吗

一个人，想要在社会上立足，首先就要获得社会上更多人的认可，这样你才可能得到更多人的帮助和支持。当然得到这些的前提就是你要有个好人缘，人缘好大家才会愿意接近你，愿意和你共事；相反，一个难以接近的人又怎能交到更多的朋友呢？在社交中，你的人缘够好吗？你是大家喜欢接近的人吗？快来做个心理测试，看看你在他人心中的地位如何吧！

【游戏测试】

和陌生人第一次见面时，你最讨厌对方做出什么样的举动？

A. 不敢接近你，好像你是个很可怕的怪物

B. 主动靠近你和你勾肩搭背，让人看上去你们好像很熟

C. 一开口就抢着讲话，而且还油腔滑调，把你当作只会听而没主见的观众

D. 像查户口似的，不停地问你个人问题

【心理分析】

选A：你是一个性格内敛，企图心很强的人。虽然你也很认同想要在社会上生存就得建立一个良好的人际关系，你也很想找到一

个很恰当的接触点，顺其自然地将陌生人变成好朋友，但是天生清高又有点自负的你却又会觉得对别人太上赶着就显得自己很没面子。所以，在与人相处时，你总是渴望对方能够按照你的意愿和方式首先和你套近乎，借此来提高自己的人际魅力。可是，你要知道别人的感受可能和你的不一样，所以，你就不能一厢情愿地把自己的期待套在别人身上，否则你的这种主观期待很容易适得其反，你不仅得不到朋友，还可能在无意中树敌。因此，当陌生人变成你的敌对方时，你最好反省一下自己。

选B：你具有较强的自我保护心理，所以遇到陌生人，你就会不自觉地想要与之保持一定的距离。因为你过于强调保护自己，所以对于别人所做出的行为，你总是处在一种想要感觉应付的状态中。可惜你对于自己的应对能力也没信心，你下意识地会拒绝别人侵入你的私人领域，对别人碰触你的身体，哪怕是手臂，都会很厌恶。在你看来，他人的这种不尊重你的想法和行为对你来说是一种伤害，在你的心目中，你就会很自然地把对方列为异类，之后把他从自己的领域里推出。由此可以看出，一般具有自大精神和太过热情的人都不会成为你的好友，而你也只喜欢和那些懂得与人保持距离的谦谦君子成为好朋友。

选C：你是一个很讨厌做弱势群体的人，哪怕是在日常交谈中，你都不能容忍别人把你当听众，说白了，你就是不喜欢在人际互动中老是处于被动的状态。如果有陌生人与你一见面就没完没了地说个不停，在你看来就是在你面前炫耀他抢到的说话主动权，他想要把你当作情绪发泄的对象，所以你会对此非常反感，而对于那些态度谦逊的模式人，你天生就会对他们有好感。因此你讨厌强势人群进入你的朋友圈，你的朋友也大多是一些很谦和的人。

选D：你是一个稍微有些自我封闭的人，同样在社会交往中你也想要尽可能多地保留一点隐私和自己的空间，所以面对一些想控制他人的陌生人，你会觉得压力很大。事实上，这些人可能只是想要进一步认识你，并非有意地想要侵占你的私人领域。在社交中你要稍微改变一下自己的这种态度，不然的话很多想要了解你、和你成为好朋友的人都会被你拒之门外。

从吃菜的方式看你的恋爱观

不管是在家里用餐，还是应邀去参加宴会，餐桌上的礼仪都是我们必须注意的。在此之中，我们也可以透过细节了解到自己的恋爱观。

【游戏测试】

这里有四种答案，你会选择哪一种？
A. 自己站起来去夹
B. 请离得近的一方整盘递过来，换一下
C. 请接近的人帮你夹
D. 忍住口腹之欲，不吃了

【心理分析】

选A：你具有进取性，但有时会冲动得过了头。你绝对不会请别人替你传情书、替你约人。你若喜欢一个人，会不顾一切地去主动追求，即使对方一开始想拒绝，但在你百折不挠的攻势下，多半也会软化。但你要注意，不要热情有余，谨慎不足，有时候做事还是事先考虑一下。

选B：你自以为成熟且具有高超的计谋，但有时却不一定成功。

在爱情的竞争中，也常弄巧成拙。虽然你做事干脆利落，凡事有主见，但若遇上犟脾气的对象，你就没办法了。另外，事事都依赖外援，必定有受骗之时，因为你的大脑在靠别人出主意时会慢慢退化，你的主见在依赖中会弱化。

选C：你是个精明的人！你的优点在于凡事小心谨慎，任何事情都在你的预料之中，你的对象无不被你的魅力莫名其妙地征服。不过，物极必反，"机关算尽太聪明，反误了卿卿性命"，这也可能是你的结局。

选D：对你来说，在恋爱关系中关键是缺乏勇气和行动。想要的不敢拿，喜欢的不敢追求。你虽然经常博得厚道、儒雅的名声，但失去的也太多了。

你的人际关系协调能力怎么样

我们都生活在团体中，而人际交往是与团队成员公共关系的基础。想要看看你的人际关系协调能力是否过硬，来测试一下吧。

【游戏测试】

1. 如果你是一个大一新生，一次偶然的邂逅，你喜欢上了一个比你大很多的校友前辈，你们交往了很久之后才知道对方已经成家了。这时，你会如何处理这段感情呢？

A. 坚持跟对方好下去→请回答第3题
B. 立刻终止这段感情→请回答第2题

2. 暑假里，你抽到一张国外游往返机票，旅行地是澳大利亚或意大利，你希望去哪个国家呢？

A. 澳大利亚→请回答第 4 题　　B. 意大利→请回答第 3 题

3. 如果你是一位新生代作家,一份时尚报纸请你写专栏,你会写哪种类型的文章呢?

A. 都市白领的感情生活→请回答第 4 题

B. 旅行札记→请回答第 5 题

4. 如果你发现你的好朋友正在策划如何整班长,你会如何做呢?

A. 立刻告诉班长→请回答第 6 题

B. 虽然不赞同这种做法,还是站在好朋友这边→请回答第 5 题

5. 假如你捡到一条名贵的小狗,会怎么办呢?

A. 赶紧带回家→请回答第 7 题

B. 在原地等失主→请回答第 6 题

6. 暑假里有以下两份兼职工作正等着你,你会选择哪一个?

A. 幼儿园美术老师→请回答第 8 题

B. 手机促销员→请回答第 7 题

7. 假如你在逛街时偶遇心仪已久的明星,你会怎样呢?

A. 赶紧索要签名或跟偶像合影留念→请回答第 8 题

B. 围上去仔细看看→请回答第 9 题

8. 如果你是一个刚刚从电影学院毕业的新人,你希望出演的第一个角色是什么?

A. 命运坎坷的女一号→请回答第 10 题

B. 搞笑的女三号→请回答第 9 题

9. 如果有一位相貌英俊的聋哑男子对你表示爱慕之情,你会如何应对呢?

A. 对他的好意说谢谢,表示只愿与他成为普通朋友→请回答第 11 题

B. 一口回绝→请回答第 10 题

10. 外出旅行,你最担心的是什么事情呢?

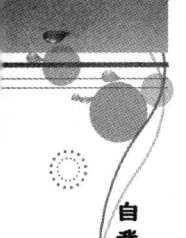

A. 吃不到对胃口的东西→请回答第 11 题

B. 交通是否便利→请回答第 13 题

11. 好朋友失恋了,你会如何陪他度过这段难过的日子呢?

A. 一有机会就开导他、鼓励他→请回答第 12 题

B. 尽量迁就他,陪他哭、陪他笑→答案 B 型

12. 你无法在预定时间内完成朋友拜托之事,会如何解释呢?

A. 直接说明自己没有完成事情的原因→答案 F 型

B. 说自己得了重感冒,所以才没时间做事→请回答第 13 题

13. 如果你是一家礼品店的店员,这天有一位害羞的男生来买送给女朋友的礼物,你会推荐什么给他呢?

A. 温暖的抱抱熊或纯银首饰盒→答案 C 型

B. 搞怪玩具或女巫帽→请回答第 14 题

14. 假如你在乘车的时候看见一个小偷正在掏老婆婆的钱包,你会怎么做呢?

A. 立刻大喊"抓小偷"→答案 A 型

B. 狠狠瞪着小偷或暗示老婆婆→请回答第 15 题

15. 如果你是一位实习护士,你希望照顾哪种病人呢?

A. 儿童→答案 E 型　　　　B. 老人→答案 D 型

【心理分析】

A 型协调力:★★★★★

直爽型的你有话就说,绝对不会半遮半掩。只要你察觉到自己有可能给朋友造成误会,一定会极力解释,哪怕当众向对方认错,也不会觉得不好意思,随着时间的加深,朋友们将越来越信任你,就算偶尔犯点小错或发发急性子,大家还是很能原谅你的。

B 型协调力:★★

害羞的你越急越不知该如何表达自己的意思,你在交际中的协

调能力还有很多不足。因为太要面子，所以你不愿直面棘手问题，常常选择逃避现实的做法，结果把人际关系搞得一团糟，唯有撇开面子，大胆说出自己的想法，正确面对错误，你的人际关系才会更加融洽。

C 型协调力：★★★

这类型的你协调能力也有一些问题啦！人际交往中的你不妨站在别人的立场上看待事情，不要受困于自己的小观点和狭隘意识，多跟充满行动力的人谈谈，学学人家的交际手段。你是和平主义者，个性柔弱，缺乏果断的判断力，在该表明立场的时候表现得过于含糊。

D 型协调力：★★★★

你的协调能力有些小问题，只要你能直抒己见，相信大家还是肯给你一个澄清事实的机会。你有点含蓄，属于爱动脑子但不太喜欢说出自己观点的人，你在为人处世上的态度并不够坚持，风吹两边倒，表面上跟大家处得都不错，实际上哪边的人都觉得你不是自己人。

E 型协调力：★★★★★

协调能力很不错。你应该注意提升自己的实力，不要满口大话，人际交往并不只是靠手段，必要的时候也要看看你的真实水平。你有强烈的自我表现欲，喜欢关心比自己更弱小的人，这样一来，你才觉得自己比较独立，比较强势，你有一定的交际手腕，处事圆滑。

F 型协调力：★★★★★

你的协调能力是一流的。你为他人分忧难免会给自己带来一些不便，好在你可以从烦乱中找到平衡点，这也是你广受众人好评的重要原因所在。总是笑容满面的你很会替他人着想，无论朋友遇到什么困难，都能从你这里得到或多或少的帮助，大家都对你赞不绝口。

你喜欢用什么样的方式与人相处

有些人只有在独处时,才会表现出真正的自己。那么,你是不是这样的人呢?你能接受这样的状态吗?要知道人是群居的动物,每个人都不可选择性地要和他人接触,你更喜欢用什么样的方式与人相处呢?如果在这方面你还不够了解自己,那么就来做个测试吧!

【游戏测试】

每个人小时候都听过《灰姑娘》的童话故事,下面的几段情景,你对哪一段印象最深?

A. 仙女施法力,让灰姑娘马上换上漂亮的新衣

B. 灰姑娘乘坐南瓜车前往皇宫

C. 舞会中灰姑娘与王子翩翩起舞

D. 灰姑娘试穿玻璃鞋,刚好合适

【心理分析】

选A:你习惯通过金钱来达到目的,比如吸引眼球的衣服,笼络人心的美食。要知道,用金钱"收买"人心并非长久之计,如果有人比你更有钱,那么你的朋友就很容易被他人"收买",所以和朋友相处时你应该多拿出真感情,用真情打动朋友这才是长久之计。

选B:在朋友的眼中,你热情开朗,人缘较好。不过最让人受不了的就是你对权力很有欲望,即使在与朋友交往中也有所体现。朋友和你在一起就必须迁就你,否则你就会耍脾气,所以,如果想要维护好你的人际关系,你还是多注意一下自己的这些毛病。

选C：你很在意自己在别人心中的形象，所以你常常会故意矫揉造作地摆弄出一些姿态，可能你自己感觉良好，不过别人却可能会反感哦！所以在与朋友的相处中，你还是多注意一下自己的言行举止和待人方法比较好。

选D：你喜欢和别人沟通和分享，所以在与人相处时你就可能会显得太主动，在别人看来你似乎有点自作多情，所以为了顾及到别人的感受，你最好有点耐心，不要太过急躁，否则太过热情了，可能会吓跑别人哦！

你的人际关系合格吗

一段失衡的人际关系会影响你的生活，会对你的心理健康造成威胁，人际关系是否合格，跟你的快乐指数直接挂钩。你的人际关系合格吗？你快乐吗？不妨来测试一下吧。

【游戏测试】

当一个熟睡的婴儿突然向你睁开眼睛时，你能想象接下来他会有什么动作吗？

A. 开始大哭　　　　　　B. 呵呵一笑
C. 闭上眼睛继续睡觉　　D. 面无表情地咳嗽两声

【心理分析】

选A："婴儿"代表"他人"

因为你是一个没有自信的人，所以你在与他人相处过程中会出现焦躁不安的状况，而且你不会掩饰自己的这种不安，会很轻易地把这种情绪表现在脸上,以至于别人稍微和你一搭话就能很快感受到你的不安,从而使对方也不敢和你有太多的交谈,并因此而对你敬而远之。所以在社交中,你应该自信一点,应该主动与人接触。

选B:你是一个自信满满的人

你不仅不会远离他人,相反你还很渴望得到他人的赞同,所以在交际中你会通过各种方法或手腕把周围的人都控制在你的交际范围内,与你打成一片,当你笑的时候,你也会用不同的方法讨得别人对你的笑。不过你需要注意的是,不要过度自信,只陶醉在自己的内心感受里,而忽略了别人的感情。

选C:你是一个内心相当孤独的人

你的这种孤独并非完全来自外界,还来自你自己。你不喜欢和他人共处,更渴望拥有自己的空间,但是,人都是群居的动物,而且很多工作都需要大家共同努力来完成,所以建议你努力调整自己,不要只蜷缩在自己的狭小空间里,这样会使你的内心更加孤独。

选D:你是一个过度敏感的人

在社会交往中你很在意别人的感受,一旦别人有一点不高兴你就从自己身上找原因,自问是不是自己做了什么让他们不高兴的事,于是你就会忐忑不安,就得做出一些事来帮他人调节情绪。殊不知,很多时候别人的情绪变化可能根本与你无关,你这么小心翼翼地维护与他人的关系会让你觉得异常疲惫,所以你还是应该试着以平常心去面对人际关系,这样你才不会在人际交往中感到力不从心。

第六章　心态解码：做自己真正的主人

　　心态表示一个人的精神状态，只要有良好的心态，才能每天保持饱满的心情。其实人活的就是一种心态，面对任何事情一定要抱着积极的心态，如果心态发生不好的变化，就要及时调整。有良好的心态，就不会失去方向，人生才有意义。快来测试一下你的心态吧。

面对危机你可以从容应对吗

每一个人都会面临或大或小的危机，处理危机的方式不同，结局也有所不同。有些人能很好地管控危机、化解危机，从而把损失降到最低程度；而有些人不会处理危机，从而付出了巨大的代价。其实，当危机来临时，保持一个从容的心态最为重要，只有这样，才能让自己处于冷静的状态中，才能成功地去对应危机。你在危机出现时，能保持一个从容的心态吗？

【游戏测试】

在一个寒冷的冬天，你遇到了一个可怜的流浪老人，你很想帮帮他，以下几种方式，你会选择哪种去帮助他呢？

A. 送他一件温暖的旧棉衣

B. 买一份盒饭给他吃

C. 直接给他一点钱

【心理分析】

选A：冷静应对危机。你拥有敏锐的洞察力和判断力，个性直率又机智的你会灵活地运用自己的冷静思维来处理事物。面对危机时，你也会勇敢地在困境中寻生路。你清晰、冷静的头脑让人钦佩，很多人都希望能拥有你这样静观其变又有勇有谋的个性。

选B：沉着应对危机。你个性稳重、务实，面对危机时你沉稳的态度会把突如其来的一切危机都挡在门外。不管是工作中的危机还是感情中的危机，你都会把它们当作天气的变化，会很好地转化危机。你高速的反应力和严谨的处事态度，让你周围的人都很羡慕，同时，他们也会很愿意待在你的身边，因为你给人以安全感。

选 C：勇敢应对危机。你是天生的冒险王，你是勇敢的使者，不管遇到任何挑战，任何危机你都不会畏惧。有时你会把危机当作一场游戏，你喜欢胜利时的快感和被崇拜的喜悦。不管遇到任何危机你都会列出一系列处理方案，你不会逃避，也不懂推诿，你只知道勇往直前。如果前面的困难很多，你也会先退下来细细琢磨后再战沙场。

最不能让你接受的缺点是什么

一般来说，每个人身上都会有让自己不能接受的缺点。知道你最厌烦自己什么缺点，才能有目的地改正缺点，让积极的心理影响自己。下面的测试就告诉你，你最讨厌自己的什么缺点。

【游戏测试】

1. 你认为，一个供人休闲的公园，最不能缺少的是什么？
A. 休息用的长椅→请回答第 4 题
B. 绿油油的草坪→请回答第 3 题
C. 配套的娱乐设施→请回答第 2 题

2. 如果你要送朋友生日礼物，你会怎么送？
A. 事先藏好，给对方一个惊喜→请回答第 3 题
B. 直接给朋友，没有任何包装→请回答第 5 题
C. 精心包装，再选择合适的时机给朋友→请回答第 4 题

3. 如果可以自由选择，你选择用什么交通工具上班？

A. 出租车→请回答第 6 题

B. 自己开车→请回答第 5 题

C. 公交车或地铁→请回答第 4 题

4. 你喜欢穿什么类型的衣服？

A. 紧身的→请回答第 6 题

B. 合身的→请回答第 7 题

C. 很大、很宽松的→请回答第 5 题

5. 你大概隔多久会去理发店修剪一下自己的发型？

A. 一个月→请回答第 7 题

B. 一个季度或者更长时间→请回答第 9 题

C. 平均半个月→请回答第 8 题

6. 假设朋友来你家做客，非常喜欢你的一些小玩意，你会怎么做？

A. 把小玩意直接送给朋友→答案 D 型

B. 说那些小玩意其实也没什么特殊的→请回答第 9 题

C. 非常开心对方能喜欢→请回答第 8 题

7. 得到谁的信会让你最开心？

A. 朋友→请回答第 8 题

B. 另一半→请回答第 9 题

C. 亲人→请回答第 10 题

8. 假设在马路上遇到发传单的人，你会怎么做？

A. 绕开→答案 B 型

B. 随手接过传单→请回答第 10 题

C. 目不斜视地走过去→请回答第 9 题

9. 假设在工作或者学习中遇到困难，你会怎么做？

A. 马上求助他人→答案 C 型

B. 自己想办法解决→答案 A 型

C. 打算放弃→答案 D 型

10. 你认为你的朋友绝对不能具备下列哪种特质？

A. 不守信用→答案 A 型

B. 不优秀→请回答第 9 题

C. 不好看→答案 B 型

【心理分析】

A 型：你最讨厌自己的傲气。虽然自信是一个好的品质，但是过度自信，就是自傲。你非常清楚这样不好，你也很厌烦自己的这个毛病。你也曾因为自己的傲气遭遇了一些尴尬。你意识到了，说明你还有改正的可能。适当地给别人留有余地，谦虚一些，你的道路会更加宽阔。

B 型：你最讨厌自己的爱慕虚荣。虽然你知道，金钱、权力、美貌只能带来短暂的虚荣，可是你还是希望自己能拥有，让别人感觉到嫉妒，你的满足感就上来了。你也知道爱慕虚荣没啥好处，但是你还是无法完全控制自己。这样的心态，会让你做出很多不恰当的行为来，也会让你容易掉入别人的陷阱，要注意克制哦！

C 型：你最厌烦自己对容貌的关注。可能是因为你不够漂亮的缘故，即使你的身材再好，你也还是不开心。不管在任何地方，你都会注意别人脸上比你好看的部位，却忽略了自身的优点。这样的你，是不是觉得很累？很不开心？试着调整一下心态吧，发掘出自己的优势，相信你会拥有更多的幸福感。

D 型：你最讨厌自己的挥霍。你基本没什么经济观念，不懂得节省，只要是自己喜欢的东西你就控制不了想要买下来，你计划过未来的生活，可是，在现实面前，你总是一次次地放纵自己。你从不精打细算，老是超支，这让你痛苦不堪。既然已经意识到了自己的消费观有问题，那就从心态和行动上改变一下吧。

你的心态能保持平和吗

下面的测试,可以看出你是一个心态很好,很平和的人,还是一个很暴躁,很难控制自己情绪的人。

【游戏测试】

请对下列陈述作出"是的""不太确定""不是"的判断。

1. 你经常觉得别人在注意你的言行。
2. 你精神过敏,常常有一点刺激就会受不了。
3. 你时常觉得很疲乏。
4. 你常常觉得有些事情,自己是无辜的。
5. 你非常善于控制自己的表情。
6. 很多时候,你会乱想,从而影响工作。
7. 有时候,你会用难听的语言去刺激别人。
8. 晚上,你常常辗转反侧,难以入眠。
9. 即使有人侵扰你,你也表现得很镇定。
10. 在与人争论之后,或者是遇到其他不开心的事情,你往往不能安心工作。
11. 你常常为一些小事而庸人自扰。
12. 相比幽静的村落,你更愿意生活在繁华的都市。
13. 你吃药通常都是在医生建议下进行的。

【评分标准】

上面的陈述中,"是的"记1分,"不太确定"记2分,"不是"

不记分。然后,把分数相加在一起得到最后的总分。

【心理分析】

16~26分:你很难做到心态平和。通常,你的情绪都是紧绷的,你缺乏耐心,时常有疲惫感,感觉一切事情都力不从心。你对世界和人生都缺乏信念,惶恐度日就是你每天的真实写照。无论是外界的压力还是自己给自己的压力,你都要试着让自己的弦松下来,多培养一些爱好,这样会让你感觉生活很美好。

9~15分:你的状态还算适中,紧张度适中。紧张的时候,你能全情投入,而在生活中也能调节自己,尽力让自己的日子很充实。偶尔压力大的时候,你也可以通过自我调节控制好自己的情绪。

0~14分:你的心态很平和,没有什么压力和不适感。而且,你是乐天派,知足常乐的个性,甚至让你有些懒散。切记,过分懒散会让你的人生停滞不前。不要让自己过分沉溺在安逸中,要发挥自己的能量,更上一层楼。

你在哪些方面输不起

俗话说,胜败乃兵家常事。我们不必太介怀结果,然而有的人却不这样认为,他们非常在意输赢,玩得起却输不起。你呢,你到底会在什么方面输不起?

【游戏测试】

假设你参加一个晚宴,可是背后不停地有人在大声地吵闹,这时,你会怎么做?

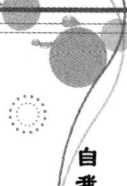

A. 不咸不淡地说几句　　B. 走过去大声训斥
C. 脸色变得非常难看　　D. 一笑而过，不予理会

【心理分析】

选 A：你非常在意情感，所以如果碰到的是情感问题，那你是绝对输不起的。你的内心非常敏感脆弱，你了解自己的弱点。通常，如果你发现自己的感情出现了问题，你会痛快地结束，因为你知道，只有这样你受的伤害才会少一些。

选 B：你非常在意自己的事业，如果事业上受挫，或者是没有成就感，你往往会输不起。你非常好强，希望能超越所有的人。你通常会让自己的能量发挥到最大，所以，如果你的搭档是个"懒散鬼"，你通常会表现得很不开心。

选 C：你在意任何事情，只要与你有关的，你都输不起。因为你非常好面子，自尊心又格外强，所以如果遇到有人故意针对你，你绝对会不手软地反击。

选 D：你是个比较重视物质的人，所以没有钱会让你觉得输不起。你喜爱生活，希望享受高品位的生活，而且你有及时行乐的思想，怎么舒服怎么来。你会尽量让自己及家人都生活得好一些，如果没有钱，你会比较慌张。

你能保持理智吗

人生之路，曲折而漫长，有激流险滩，也有和风细雨。那么，在生活的风雨面前，你是否能保持理智？看下面的测试。

【游戏测试】

1. 假如你是个画家，画人物肖像时，你最注重画模特的哪个部位呢？

A. 脸部→请回答第 2 题

B. 身体→请回答第 3 题

2. 你会总是将自己的生活和心情发在微博上与人分享吗？

A. 很少→请回答第 3 题

B. 会的→请回答第 4 题

3. 你和朋友去旅行，会选择什么地方？

A. 边城→请回答第 4 题

B. 古迹→请回答第 6 题

C. 海滩→请回答第 5 题

4. 你有写东西的习惯吗？

A. 没有→请回答第 6 题

B. 有→请回答第 5 题

5. 你对做饭很感兴趣吗？

A. 不是→请回答第 6 题

B. 是→请回答第 7 题

6. 你对玄幻故事很感兴趣吗？

A. 不是→请回答第 8 题

B. 是→请回答第 7 题

7. 假如你居住的地方有了核辐射，你会怎么做？

A. 不予理会，照常生活→请回答第 8 题

B. 躲在家里，很少出门→请回答第 9 题

C. 想要赶紧逃离→请回答第 10 题

8. 下面哪种情况让你觉得难堪？

A. 一个重要的晚会，你上台时竟然跌倒了→请回答第 9 题

B. 一个特别重要的约会，可是你竟然迟到了半小时→请回答第 10 题

9. 你觉得下面哪个故事，你更喜欢？

A. 《喜洋洋与灰太狼》→请回答第 10 题

B. 《灰姑娘的故事》→答案 B 型

10. 你在河边扔石子，你觉得湖面会发生什么？

A. 一声响后，湖面就平静了→答案 A 型

B. 很长时间，水面都有涟漪→答案 C 型

C. 水花很高→答案 D 型

【心理分析】

A 型：你非常有涵养，即使生活中会有风雨，你也会用乐观的心态去面对，积极地想办法解决。你把生活的风雨当作人生的重要经历，你相信一切事情都有解决的办法，每个人都有自己的命运。用这样淡定的心去应对生活，这些风雨在你面前就都不算什么了。

B 型：你是一个表面很理智的悲观者。通常，你外表给人的感觉非常坚强，但是，你的内心相当脆弱。面对生活中的种种苦难，你表面保持镇定，但是内心已经崩溃了。

C 型：你是个能够多向思考的人，有非常开阔的视野，做事能够深谋远虑。你对生活中的风雨总是保持着警觉并有足够的远见。当风雨来临时，你早已经想好了对策，你能相当理智地解决困难，让人佩服不已。

D 型：你的心理素质比较差。风雨刚来临，你马上就不知所措了，你的脑袋一片空白，完全不知道怎么应对。要过很久，你才会想到去行动。这里奉劝你，要加强危机意识，才能做到有备无患。不然，下次再有问题，你就无法应对了。

面对失败你如何对应

人生难免会遇到失败,但每个人采取的态度不同。你是一个只知抱怨和后悔的人,还是能够豁达地坦然面对失败的人呢?下面这个有趣的测试将帮助你回答这个问题。

【游戏测试】

你去参加电视台智力竞赛节目,该竞赛规定,连续正确回答3个问题时,可得奖金1000元;连续正确回答5个问题时,可得奖金3000元;连续正确回答10个问题时,可得5000元;连续正确回答20个问题时,可得奖金20000元外加夏威夷旅行一次。但是倘若中途答错,则前功尽弃,只能得到"参与奖"——一支圆珠笔作为纪念。现在你已经顺利地答完了3个问题,如果就此打住,你可以得到1000元奖金,可你选择了继续挑战,结果失败了,只得到一支圆珠笔。此时你作何感想?

A. 不管怎样,挺高兴的

B. 凭自己的能力应该更好些,下次有机会再试试

C. 后悔,答完3个问题时停止就好了

D. 这个节目的游戏规则定得不合理

【心理分析】

选A:不会无谓地逞强,是个能按自己主意办事的务实派,竞争意识不强烈,但知足常乐。

选B:坦然面对失败,将失败的苦涩转至期待下一次的成功上,

竞争意识强烈，斗志旺盛，富有实干精神，认准一个目标能百折不挠地干下去。

选C：拘泥于过去的成绩，对眼下的失败不是考虑通过今后的努力来改变，而是转向对自己决策的责怪，态度消极，属保守型。

选D：不服输，竞争意识强烈，但在竞争中往往以自我为中心，一旦遇到挫折，常常把责任推向客观因素，很少自省。

什么人让你难以忘怀

人的一生总会遇到各种各样的人，有的人也许只在你的生命中短暂地停留了一下，却会在你心里烙下印记，永不会磨灭。下面，就来测测你心底永难忘怀的是什么人吧！

【游戏测试】

1. 你更喜欢火龙果，还是苹果？

   A. 火龙果→请回答第2题　　B. 苹果→请回答第3题

2. 通常你感到困倦的时候，会做什么？

   A. 睡觉→请回答第4题

   B. 喝茶或咖啡等提神物→请回答第3题

3. 去旅行，你觉得丢了什么东西最麻烦？

   A. 手机→请回答第5题　　B. 钱包→请回答第4题

4. 你会一个人出去旅游吗？

   A. 会→请回答第5题　　B. 不会→请回答第6题

5. 你在乎的人的每一句话，你都会记忆深刻吗？

   A. 会→请回答第7题　　B. 不会→请回答第6题

6. 你非常喜欢享用美食吗？

　　A. 是→请回答第 9 题　　B. 不是→请回答第 8 题

7. 你跟你的朋友们的关系都挺好吗？

　　A. 是→请回答第 8 题　　B. 不是→请回答第 9 题

8. 你很擅长与人相处？

　　A. 不是→请回答第 11 题　　B. 是→请回答第 10 题

9. 你喜欢听朋友讲他们的过去吗？

　　A. 是→请回答第 10 题　　B. 不是→请回答第 11 题

10. 别人借你的钱很久了，但是就是不还，你会耿耿于怀吗？

　　A. 是→答案 A 型　　B. 不是→答案 B 型

11. 你会因为几件小事与朋友翻脸吗？

　　A. 是→答案 C 型　　B. 不是→答案 D 型

【心理分析】

　　A 型：那些曾经伤害过你的人，是你这辈子都无法忘怀的人。你的记忆力不是一般的好，小时候的事情都记得非常清楚，特别是那些让你难过的事。你会时常提醒自己，不可忘记那些伤害。即使是过去很久的伤心事，你想起来的时候都还会感到钻心的疼痛。你的敏感和自尊心，总让你记住这些不快。不过，你也会更加珍惜现在自己拥有的很多美好。

　　B 型：那些曾经欺骗你的人，是你怎么也忘不掉的人。你相当重视感情。你能容忍别人开玩笑，但是就是不能容忍别人欺骗你，特别是感情上的欺骗。一旦你发现自己受到了欺骗，你就会不再信任说谎者，果断与他们绝交。你不会听他们解释，你的决绝让人惊讶不已。

　　C 型：那些曾经让你经历风雨成长了的人，是你永远不会忘记的人。你所记得的，都是给你很大教训的人和事。你的性格很暴躁，而且有些自私，不会从对方的立场考虑问题，不过，难能可贵的是，你很有自省精神。你会为自己的错误反思，并且尽量让自己下次不犯同样的过错。

D 型：那些真心对你好的人，你会永远记得。因为个性的关系，你的朋友不多，但是只要是你的朋友，就是了解并且真心待你的人。所以，你通常很珍惜这些人。但是对其他的人，你就会表现出很大的偏见，这样一来，就让别人感觉到不舒服了。何不给别人一个接触你的机会呢？说不定，别人也会成为你朋友中的一员呢。

现在的生活你满意吗

幸福感来自我们对现有生活的满意度，而我们对现有生活的满意度也反映了我们对生活的期待值及其实现的情况。下面，就来测一下你对现有的生活是否满意吧！

【游戏测试】

假设有来世，那么，在下辈子你会选择做什么动物呢？

A. 松鼠　　B. 鱼儿　　C. 大雁　　D. 老虎

【心理分析】

选 A：你的适应能力非常强，所以无论在何种环境，你都成长得非常快。你对现有的生活非常满意。而且，你还在一直努力，期待能攀越更高的高峰。

选 B：你对现状的满意度不高，因为你长期被各种无聊的杂事纠缠，无法正视自己内心真正的追求，你也少有独处的空间，所以你常有厌世之感。你期待去旅行,可是眼前有很多事情等着你去做,所以旅行计划总不能成行。

选 C:你对生活满意与不满意的成分各占一半。你满意的是,觉得自己很有才能,觉得自己能一展拳脚。你不满的是,觉得自己生不逢时,总是时运不济,以致不能出头。不过你的理想尚存,你对生活还保持着希望,期待有一天能有适合的平台让你有一番成就。

选 D:你对现状的满意度在 50% 以上。你有远大的理想和抱负,对自己的期望很高,但是现实往往让你力不从心。其实,为何不给自己定个短期目标呢?让自己多多努力,一点一点地进步。沉淀下来的你,一定能华丽转身。

你的心在慢慢变老吗

有的人满头白发身上却洋溢着活力与健康,有的人年纪轻轻却委靡不振、老气横秋。衰老并不可怕,可怕的是人未老,心先老了。随着时间流逝,你是否已经失去了激情、忘记了梦想?你的心已经在慢慢变老吗?来测测看吧!

【游戏测试】

假设你去到美丽的大草原上,你看到了一棵树。那么,你希望这是一棵什么树呢?

A. 一棵松树或者山茶树,叶子很绿

B. 一棵很繁茂的树,可是却已经开始有落叶了

C. 一棵光秃秃的树,叶子已经掉光了

D. 一棵枯树,简直没有生还的希望

【心理分析】

选A：松树或者山茶树，都是常青树，可见现在的你，生活得很有生气。你没有太强烈的想要改变的愿望，最希望的就是维持现状。你的一切都在自己的计划范围内，你缺乏进取的野心。

选B：繁茂的树却有了落叶，说明你有身不由己之感。也许是环境所致，也许是自己心境的影响。你的心在飘飘荡荡、起起伏伏的经历中，悄悄在发生改变。

选C：光秃秃的树，说明在你看来现实是无奈的。可能现在你的世界里，有很多的反对意见，你暗自苦闷着。不过不用气馁，只要你坚持自己的理想，并为之努力，假以时日一切都会变好，你的世界将重现生机。

选D：一棵枯树，说明你对自己和环境都完全失望了，你的心不是老去了，而是死去了。你看不到希望和未来，自怨自艾，郁闷不已。在此提醒你，人生之路很长，还是要振作起来啊！

当你老了，你会害怕什么

每个人都有老去的那一天，都有让我们纠结和放心不下的事情。下面的测试，就来看看当你老了你可能会害怕什么。

【游戏测试】

假设你的好朋友是个富人，他去世前告诉你，你可以住进他的豪宅，可是当你搬进去后却发现有个地方不对劲，凭直觉选出你觉得不对劲的地方。

A. 二楼的杂货间,感觉还有什么东西
B. 地下室让你觉得有问题
C. 一个房间的门怎么都开不了
D. 厕所的窗户好小

【心理分析】

选 A：你老了以后会害怕得痴呆症。你周围有亲人有痴呆症吗？据说少吃肉能防止痴呆，多吃点蔬菜吧，让自己的身体健健康康的。

选 B：你老了以后可能会害怕不能有性行为了。你很重视性，所以会有这样的担心。医学上说，老年人依然有性能力，只要不丧失"性趣"就行。

选 C：你老了以后害怕还在为子女的生活操心。你有这样的担心也许是因为受自己成长的家庭的影响，这样的阴影会不时笼罩着你，所以你总是很不安。

选 D：你老了以后害怕老眼昏花，耳聋耳鸣。也许是你现在的视力和听力有些问题了吧，或者是有遗传影响，所以你会有这样的担心。

从倾诉看你的心态

适度的倾诉能化解烦心事，也能让喜悦的心情感染到他人，这是我们保持情绪健康的一种方式。但如果倾诉过度，朋友就会想躲开你了。完成下面的测试，看看你是否是一个很有倾诉欲的人。

【游戏测试】

1. 独自坐火车去一个地方，无聊的你喜欢和旁边的陌生人聊天吗？

A. 喜欢，这是最好的消遣→请回答第 2 题

B. 随便，如果有人搭讪，就聊两句→请回答第 3 题

C. 不喜欢，不想搭理任何人→请回答第 4 题

2. 如果你错怪了一个朋友，深深地伤害了朋友，现在你必须向朋友诚恳道歉，你道歉的方式是什么？

A. 直截了当跑去道歉，哪怕朋友刚开始根本不愿意搭理你，你也坚持当面道歉→请回答第 4 题

B. 用手机短信或电子邮件的方式道歉，总之绝对不当面道歉→请回答第 5 题

C. 用一束花或者一份小礼物，附上你的道歉卡片→请回答第 3 题

3. 情人节到了，你的另一半却正好在外地。你怎么度过这个情人节？

A. 找个临时的男（女）朋友陪伴，当然绝不会让另一半知道→请回答第 4 题

B. 和同样没有另一半或者另一半不在身边的异性一起度过→请回答第 6 题

C. 一个人悠闲又落寞地独自在家→请回答第 7 题

4. 下面的选项，相对来说你比较喜欢哪个角色？

A. 《挪威的森林》里的绿子，活泼、能干→请回答第 6 题

B. 《爱情白皮书》里的奈美，乖巧、可爱→请回答第 5 题

C. 《奋斗》里的夏琳，坚强、独立→请回答第 8 题

5. 以下哪种赞美方式你比较受用？

A. 真的很时尚，永远走在潮流的前面→请回答第 6 题

B. 聪明能干，工作能力超强→请回答第 8 题

C. 善解人意，宽容正直→请回答第 9 题

6. 你比较喜欢哪种聊天方式？

A. 打电话→请回答第 7 题

B. 用 QQ、微信等聊天→请回答第 8 题

C. 约朋友出来聊→请回答第 10 题

7. 你觉得自己是一个八卦的人吗？

A. 很八卦的，朋友的、明星的各种隐私你都很有兴趣→请回答第 8 题

B. 这世界上，有几个人没有好奇心呢？→请回答第 9 题

C. 绝对不是，你最讨厌别人聊八卦了→请回答第 10 题

8. 吃完饭，你嚼了一块口香糖，你会什么时候吐掉？

A. 没了甜味后吐掉→请回答第 9 题

B. 一直嚼，直到不得不吐掉的时候→请回答第 9 题

C. 无所谓，想什么时候吐掉就什么时候吐掉→请回答第 10 题

9. 你竟然做春梦，你会把这件事跟同事说吗？

A. 应该会，没什么大不了，说不定他们也做过呢→答案 A 型

B. 肯定不和同事说，要说也只是跟最要好的朋友说说→答案 C 型

C. 跟谁都绝对不说→答案 D 型

10. 假设你马上要去旅游了，行程为一个星期，你打算用多长时间收拾行李？

A. 半小时吧，就几天而已→答案 C 型

B. 要出门那么多天呢，恐怕得花几个小时收拾→答案 B 型

【心理分析】

A 型：在你的朋友眼中，你是个超级话痨。特别是当你受到了伤害或者是在你遇到兴奋的事情的时候，你的嘴巴会说个不停。你觉得不能把自己的烦恼或者快乐藏掖，一定要跟朋友分享。不过，

你的朋友们可能被你折磨得够呛吧？其实，有时候管住自己的嘴，适当地收敛自己的倾诉欲会让朋友们更喜欢你。有些事放在心里比说出来好，不是吗？

B型：你的心态不是很好，内心总是缺乏安全感。假如你有心事，你不会在所有人面前表露你的不安，将他们当作你情感宣泄的对象。你只会在熟人或者朋友面前，在你相信的人面前，吐露你的心事。有时候，你也会选择跟在网络上认识的人倾诉。而且，你通常都在自说自话，别人的安慰对你根本不起作用，你只管沉浸在自己的世界里。你是在用这样的方式证明自己存在的价值。其实，你如果真的想要倾诉，只跟一个人倾诉一次就好了，不要把相同的话重复两遍以上，否则，会让负面情绪加重。适当控制自己，不要让负面情绪严重影响你的工作和生活。

C型：你是个很开朗而且讨人喜欢的人。冷场的时候，你总会想办法活跃气氛；大家把酒言欢的时候，你又会很有分寸地对答如流。你的心态非常不错，虽然开朗健谈，但你不会没事找人瞎聊，也不会一碰到问题就找人倾诉，你能很好地掌控自己的情绪。

D型：不要谈什么倾诉欲，即使有再多的困难和压力，让你去向别人倾诉，也几乎是不可能实现的事情。其实，一方面是你性格方面的原因，你很内向，总下意识地拒绝跟别人交流。另一方面，你对这个世界充满了防御心理，觉得跟人泄露自己的内心是一件非常危险的事情。虽然这样你也许是安全的，但你却是孤独的，太多事情憋在心里，对身体不好。建议你适当地找个人倾诉一下吧，你会觉得轻松很多，心理负担也会减轻很多。

从买彩票看你的心态

生活中，一些看似不经意的细节，最能表露你的心迹，比如买彩票。下面的测试，就是通过买彩票的想法来看你的心态。

【游戏测试】

你很少会去买彩票，觉得中彩是天方夜谭。可是，一天晚上，你梦到神仙姐姐告诉你："快去买彩票，你的命运将会因此而改变。"醒来后，你越想越觉得靠谱，于是就兴致勃勃地去了。可是买了很多次也没有中，这时你的想法可能是什么？

A. 唉，一切都只是一场梦，还是打道回府吧

B. 不行，我要再试几次

C. 不行，我要再试几十次

D. 先摸摸自己兜里的钱，觉得还能接受，就继续买了几注

【心理分析】

选A：你的意志力非常不坚定，极容易被周围的人和事左右，盲目地跟随潮流。别人往东，你肯定不往西。如果最后你发现别人和你都错了，那么你也不会怪自己，反而埋怨别人把你带到沟里去了，后悔太过于信任他人。

选B：你的心态是偏焦虑型的。你很难有恒心去做一件事情。如果你坚持一件事，但是出了两三次错，或者遭遇了一点挫折，你就会自怨自艾，自我否定，觉得自己不是那块料。你总是想着投机，想着讨巧，这样的心态非常不利于你做成任何一件事，因为任何事

情的成功都是要经过努力的，需要忍耐和等待。

选C：你的心态还算端正。因为你蛮谨慎的，总是喜欢在计划周全了之后才行动，同时你也是一个很理性的人，你会客观地对待一切突发事件。这样的心态，决定了你是个执着的人，你认为正确的事就会一直努力下去。

选D：你能权衡利弊，量力而行，不会盲目去做一切事情。你的成熟和理智，将会为你带来好的运气和收获。当然，有时候你思量过多，也会阻碍进步。所以，做任何事还是要有个度。

第七章 财商探寻：构筑你的财富大厦

随着年龄的增长，或者经受许多社会概念的灌输，使我们知道了金钱给我们带来的益处，于是有了对金钱的欲念。这时，一个典型的争论就会出现在我们的脑海里：金钱不是万能的，但离开了金钱却是万万不能的。这句话实质上加深了我们对金钱的意识与欲望。你对金钱的态度是怎样的呢？你的金钱观正确吗？一测便知，开始行动吧！

你是理财高手吗

理财并不是一件困难的事情,而且正确理财还能为你创造更多的财富。回答下面15个问题,你就可以知道自己是不是理财高手啦!

【游戏测试】

1. 你会对自己的消费支出作事先的规划吗?

   A. 不会　　　B. 有时候会　　　C. 经常会

2. 你会预留资金作为应急用吗?

   A. 不会　　　B. 有考虑　　　C. 会

3. 在朋友的眼中,在金钱方面你是怎样的一个人?

   A. 对钱没有概念,花钱随意　　B. 有时候会去挥霍一下

   C. 花钱谨慎,精打细算

4. 你现在知道自己银行户头的存款数吗?

   A. 不知道　　　B. 大约知道　　　C. 知道

5. 你经常存款吗?

   A. 不经常　　　B. 有时候　　　C. 经常

6. 到了月底,在金钱方面,你可能会出现下列哪种状况?

   A. 口袋空空,不知道钱花哪儿去了

   B. 有时候能从众多花费中省出一部分累积存款

   C. 每月固定存一部分

7. 当你有借贷需要时,你会怎么做?

   A. 直接和银行方面洽谈

B. 向朋友征询意见

C. 比较利率及循环期，选择最佳渠道

8. 你清楚地知道目前积压的信用卡账款数吗？

A. 不知道　　　B. 大约知道　　　C. 知道

9. 你的信用卡账款可能会出现下列哪种情况？

A. 一直在累计欠款中

B. 有时会出现循环利息，下个月注意补上

C. 通常会逐渐增多

10. 当你使用信用卡时，你会作何方面的考虑？

A. 购买价格较高的产品，很少考虑卡上是否有钱

B. 与现金购物比较，心情好多了

C. 与用现金购物一样谨慎考虑

11. 你用信用卡是否曾超过信用额度？

A. 常常如此　　　B. 有时候　　　C. 不曾有过

12. 当一件商品十分吸引你的目光时，你会怎么做？

A. 毫不犹豫地买下来

B. 考虑之后还是买了下来

C. 仔细盘算是否应该买下

13. 当你计划购买价格较高的产品，如电视机、冰箱等时，你是否会货比三家？

A. 不会　　　B. 有时候　　　C. 通常如此

14. 当你计划一个假期时，会控制预算吗？

A. 在账单结算时，总结过自己的预算

B. 允许自己享受一下豪华假期

C. 会事先制定预算，在计划内消费

15. 在度假时，你是否曾有过花费超过预算的情形？

A. 常常如此　　　B. 有时如此　　　C. 不会

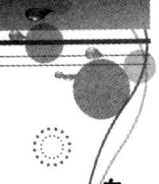

【评分标准】

统计上述问题答案，选A得1分，选B得2分，选C得3分，计算你的总分。

【心理分析】

15~25分：说明你是一个购物狂，应尽快开始制定预算，理智地选择消费方式和理财方式。

26~35分：说明你做得还不错，将自己的存款保持在最佳平衡状态中，只是还未发现某些更高明的理财手段。建议你审视一下自己的理财规划，并试试更合理的决策。

36~45分：说明你是一个十足的理财高手，善于掌握财务风险，并能运用财务杠杆为自己创造财富。

你有多大的赚钱能力

每个人都渴望富有，都希望能够有朝一日变成有钱人。你的赚钱能力有多大？今生你能否跻身富人行列？不妨测试一下。

【游戏测试】

假设一天下午你心情不太好，现在有三个去处可供你去散心，你会选择去哪里呢？

A. 湛蓝的海边　　B. 视线开阔的山上　　C. 拥挤热闹的市区

【心理分析】

选A：说明了你是一个不太功利的人，虽然你也向往金钱，可是天生对金钱不够热衷的你又不免会想：人生苦短，潇洒过一生不是很好吗？干吗非要干得这么辛苦？所以你的内心总在斗争。像你这样在金钱方面意志不够坚定的人，要想赚得大笔的钱，你最好先给自己定立一个目标，然后朝着目标努力，否则按自己的意识行事，金钱估计就跟你没有太多的缘分了。

选B：你是个容易知足的人，你常常会觉得钱够用就好，不必太计较。这种类型的人一般很好相处，不仅待人随和，而且还是个很注重内在修养的人，所以，你可能不是一个很有钱的人。

选C：你是一个很有金钱欲望的人。你的赚钱能力比一般人要强，再加上你又具有默默努力的拼命三郎的功利心，所以你只要下定决心抓住每一个赚钱的机会，那么你就能在财富方面具有非常大的建树。

你通常会把钱用在哪里

你有没有这样的感觉：辛辛苦苦，好像赚的也不少，可就是没存下什么钱？你不知不觉把钱都用在哪里了呢？一起来完成下面的测试吧！

【游戏测试】

1. 你常常梦到自己一个人不知所措，醒来后觉得很不真实？
   A. 是→请回答第2题　　B. 不是→请回答第3题
2. 你经常觉得地球真的是太拥挤，希望所有人都生活到外星球去？
   A. 是→请回答第4题　　B. 不是→请回答第3题

3. 你非常喜欢看青春偶像剧？

　　A. 是→请回答第 5 题　　B. 不是→请回答第 6 题

4. 如果你去超市买东西，碰到了熟人，通常都会上前大方地打招呼？

　　A. 是→请回答第 5 题　　B. 不是→请回答第 3 题

5. 你通常在拍照时，喜欢摆个造型？

　　A. 是→请回答第 6 题　　B. 不是→请回答第 7 题

6. 在你的观念中，艺术家的朋友通常都是艺术家？

　　A. 是→请回答第 8 题　　B. 不是→请回答第 9 题

7. 你通常很难同比你漂亮的同性成为好朋友？

　　A. 是→请回答第 8 题　　B. 不是→请回答第 6 题

8. 如果在一个夜晚，你听到了一个女子幽怨的哭声，你会觉得很恐怖？

　　A. 是→请回答第 10 题　　B. 不是→请回答第 9 题

9. 你在探险的原始森林迷路，如果看到前面有个破旧的宅子，会进去吗？

　　A. 是→请回答第 12 题　　B. 不是→请回答第 10 题

10. 在你的想象中，一条狭长的小巷尽头，一定有一片热闹的街市？

　　A. 是→请回答第 11 题　　B. 不是→请回答第 13 题

11. 你觉得，武则天是典型的大女子主义？

　　A. 是→请回答第 14 题　　B. 不是→请回答第 13 题

12. 如果给你一个空间，让你填充颜色，你通常会画上红、粉、橙、白的颜色？

　　A. 是→请回答第 10 题　　B. 不是→请回答第 13 题

13. 你感觉佩戴一条水晶项链或者手链能平复你的不安情绪？

　　A. 是→请回答第 15 题　　B. 不是→请回答第 14 题

14. 在你看来，《西游记》中最可恶的妖精就是蜘蛛精？

　　A. 是→请回答第 16 题　　B. 不是→请回答第 15 题

15. 比起扭伤身体不能活动，你更郁闷的是晚上睡不着？

　　A. 是→请回答第 16 题　　B. 不是→请回答第 17 题

16. 第一次跟人约会，比起鼻子上长痘痘，你更在意脸颊上有痘痘？

　　A. 是→请回答第 18 题　　B. 不是→请回答第 17 题

17. 如果你很口渴，比起甘蔗，你更愿意选择雪梨？

　　A. 是→请回答第 20 题　　B. 不是→请回答第 19 题

18. 最近两个月，你已经换了好几次发型？

　　A. 是→答案 A 型　　B. 不是→请回答第 19 题

19. 你会觉得黑色的钱包比白色的装的钱多？

　　A. 是→答案 D 型　　B. 不是→答案 E 型

20. 口袋只剩几块钱了，你宁愿去充电话卡，也不会去买零食吃？

　　A. 是→答案 C 型　　B. 不是→答案 B 型

【心理分析】

　　A 型：你的钱都花在打扮自己上了。你的衣服、鞋子、首饰，不知不觉中掏光了你的钱。你的品位很高，追求的都是有情调的东西。你非常迷恋外在的东西，经常将自己打扮得一身光鲜地出门。可是，你迷恋的这些东西都不便宜。在不知不觉中，你的钱就都花掉了。

　　B 型：你是个非常喜欢新鲜事物的人。看到什么潮流货、新鲜玩意儿，你都想买下来，还安慰自己说：自己喜欢就买下，又不是每天都买。每次买东西，你都这样想，最后，你的家里摆了一堆的小挂饰，钱不知不觉变少了。除此之外，你常常会送朋友礼物，这也让你花费不少。

C型：你非常在乎朋友，喜欢与朋友一起活动。你的钱多半用在社交上。你不介意跟朋友一起吃饭，一起旅游。在你看来，这是你唯一的爱好了。如果你谈恋爱了，那你的花费就更高了。

D型：你是个追求完美的人，对自己的容貌更是十分上心。你会买很多的保养品，在自己的脸上和身体上花费很多。你觉得每个人都得对自己好，都得爱惜身体，都得美美的。而且，如果有新款的保养品推出，你通常会马上拿下。所以，你的钱主要花在了保养上。

E型：你是一个享受型的人，你认为人活着就是要去享受，去娱乐。所以，你常常去旅行，去游乐场，你玩起来什么都忘记了，一掷千金也在所不惜。不过，过了那个点儿，你的理智就恢复了，可惜晚了。

你的理财类型属于哪种

每个人都有自己的理财原则，有的人可能认为积累胜过消费，有的人认为投资胜过消费；即使是投资，也有人喜欢风险投资，有人喜欢稳健投资，各有不同。你的理财类型到底属于哪种呢？我们不妨做个测试吧！

【游戏测试】

1. 看一个男人，你会先看他的什么？
   A. 眼神　　　B. 身高　　　C. 衣着
2. 假如你正置身于一艘豪华游轮上，你希望自己是以什么身份乘搭游轮？

A. 船长　　B. 服务人员　　C. 乘客

3. 有一天你去一个森林里度假，你漫步的时候，发现头顶的树枝上有个鸟窝，你认为里面会有什么？

A. 一对鸟儿　　B. 一窝小鸟　　C. 什么都没有

4. 在泡酒吧的时候，你会为自己点以下的哪种饮品？

A. 清酒　　B. 玫瑰红葡萄酒　　C. 气泡矿泉水

5. 你认为下列哪一项有可能成为你20年后最大的经济负担？

A. 物价高涨的生活费用　　B. 小孩的教育费用　　C. 养老费用

6. 如果你中了10万元的奖金，你打算怎么处理？

A. 存入银行，以备不时之需　　B. 出国旅行享受一下　　C. 投资

7. 眼看身边的朋友一个个都成家了，你会有何感想？

A. 着急，自己的另一半究竟在哪里

B. 不着急，已经找到心爱的人了

C. 青春还很长

8. 你做了一个奇怪的梦，梦里你一直在一条长长的隧道中行走，你认为在这个隧道的出口你能看见什么？

A. 宁静的庄园　　B. 热闹的城镇　　C. 海边的断崖

9. 你认为自己在近期内会有自己的孩子吗？

A. 暂时不可能　　B. 有可能　　C. 已经有小孩了

10. 独自旅行时迷路了，你会怎么办呢？

A. 找人问路　　B. 就先随意走走吧　　C. 查阅地图

【评分标准】

选A为1分，选B为3分，选C为10分。然后，把分数相加在一起得到最后的总分。

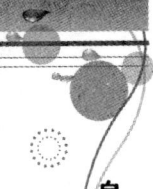

【心理分析】

20分以下：不容易存下积蓄。你喜欢过无拘无束的自在生活，对于钱财也是一样。目前虽然没有什么经济压力，但是好像也没有存下什么积蓄。建议你采取守势理财，拨出少部分的收入，先把基本的财务安全规划好，以避免日后突发意外，造成严重负担。

21~30分：理财观念独立型。独立有主见的你，相当有投资理财的观念，对自己未来的财富也有一套计划。不过或许由于暂时还没有家庭负担，因此你的投资倾向于高风险高收入类型。建议你灵活配置自己的财富，在获得充足保障的基础上进行风险投资，以获稳健、长期、有效的投资收益。

31~40分：理财观念完整型。你具有完整的理财观念，踏实之余，你也愿意灵活运用资金。这样的你一定能够利用自己的财富实现自己想要的生活，让人称美。

41分以上：稳健居家型。你很顾家，会为家庭的每个成员着想，你的理财方式稳扎稳打，不爱冒险，喜欢把钱存起来。要提醒的是，如此爱家人的你没有理由在辛勤工作与谨慎消费之余，不为自己和家人的疾病或意外预先规划保险方案。

你对待理财的态度是什么

理财可以让自己的资金收益最大化，有的人精于此道，而有的人却完全没有理财意识。下面，就来测一测你对理财的态度是什么。

【游戏测试】

一次出国旅行，你光顾了一个有名的跳蚤市场。这个市场里的物品价格极有弹性，另外，你还可以在这里找到不少能升值的物品，并且国内很难买到。那么，你会"淘"哪类物品呢？

A. 古董相机　　　　B. 手工织毯

C. 古银首饰　　　　D. 书画艺品

【心理分析】

选A：不会节省型。在你看来，花钱就是为了让自己开心，所以你不会吝啬为自己花钱。开源和节流两种类型，你是属于单纯的前者。不过由于你眼光独到，并且颇有品位，因此可以试着投资会增值的物品，这样会为自己带来不少的财富。

选B：缺乏理性型。你对理财缺乏理性的分析，常常带有很浓的感性色彩。例如，对于推销员的话会照单全收，常常因此而使自己的消费投资陷入困境。建议你可以为自己订立财富预算，避免自己感性的、不合理的理财行为。

选C：相对保守型。你绝对是"省一分钱永远比挣一分钱容易"说法的坚决拥护者，你认为财富就是这样一点一滴积累起来的。不过你的理财观念趋于保守，这样你的财富累积速度就会很慢，应该找到有效率的理财方式，让你的财富滚动起来。投资是切实可行的方法，会为你的财富带来滚雪球一样的效果。

选D：不切实际型。你的理财缺乏对现实情况的考量，因此显得有些不切实际，过于梦想化。在面对理财的时候，你总觉得千头万绪，不知从何做起，最好的解决方式就是请可信的专业理财人士帮你打理你的财富。

你对金钱的占有欲有多强

有些人错误地把对愿望的执著转化到对金钱的盲目崇拜上，认为只有金钱才是生命的第一要义，你是否对金钱也这么热衷？你对金钱的欲望有多强烈？不妨来做个测试吧！

【游戏测试】

在朋友的盛情邀请下，你去参加了一场宴会。在宴会上，当服务生端着盛有不同分量的果汁任你选择时，你会选择以下哪一杯？

A. 空杯，正准备倒入果汁　　B. 半杯果汁

C. 盛有七分满的　　　　　　D. 全满的果汁

【心理分析】

选A：你是一个对金钱欲望非常强烈的人，遗憾的是你却不太擅长理财。所以在你努力赚钱的同时，你却常常搞不清自己到底有多少钱，所以你会是一个很会赚钱的"穷人"。

选B：你是一个做事非常谨慎的人，在对金钱的处理上，你也是同样的谨慎，所以你是一个金钱欲望不太强的人。

选C：你是一个凡事都会给自己留后路的人，你不仅自制能力强，而且做事也足够谨慎，你不会轻易进行风险太大的金钱交易，所以你虽然对金钱的欲望很强烈，但是总体上你很善于支配金钱。

选D：你是一个非常贪婪的人，对于生命中可能遇到的各种东西你都想拥有，对金钱你更是贪得无厌。

你属于哪种类型的"月光族"

时下的年轻人口中的"月光"一词,我们已经不再陌生。许多人都标榜自己是"月光族",听起来既时尚又酷。"月光族"的唯一条件:工资月月光,不剩一分,只许负债,不可盈余。"月光族"的口号:挣多少,花多少。可是你知道吗?"月光族"也有"门派"之分的。如果你是"月光族",现在不妨做做以下测试,看看你属于哪种类型的"月光族"。

【游戏测试】

1. 习惯使用信用卡付账,经常刷到透支自己都不知道。
2. 短期之内没有买房的打算。
3. 每月收入即使不购买奢侈品,也只够招架平时家里的正常开支。
4. 总是走在时尚最前线,非国际知名品牌不买。
5. 由于买房还贷,因此每月开销自然就紧张了。
6. 家庭收入的绝大部分要为孩子的教育而支出。
7. 是酒吧等娱乐场所的常客,有空就泡在那里。
8. 常参加一些培训班、考证班,并且切实地学到了一些东西。
9. 本来就已经很紧了,有时还有突如其来的应酬,真是件让人发愁的事情。
10. 一部分钱用于购买基金、保险等投资上。

【心理分析】

如果以上描述中1、2、4、7与你比较相符。那么你属于"享乐型月光族"。"享乐型月光族"大多为没有什么负担的单身贵族或者刚结婚尚未有孩子的年轻人,他们每个月收入不菲,但仍然没有盈余,并且钱都主要用在享乐等不能升值的东西上,例如:服饰、美容、健身、旅游等。以"享乐型月光族"目前的状况来看,短期之内是不容易摆脱"月光教主"的头衔的,这类型"月光族"可以采取逐月减少不必要开支的做法。

如果以上描述中3、6、9与你比较相符,那么你属于"拮据型月光族"。"拮据型月光族"大都属于收入偏低的人群,每个月的收入应付必要的家庭开支已经有些困难,如果生活出现突发的意外性开支的话,就更加没有办法应付。因此对于这样的"月光族",可以考虑通过购买保险的方式建立起保障,但从长远来看,提升自己的能力,多挣钱是根本的解决之道。

如果以上描述中5、8、10与你比较相符,那么你属于"置业型月光族"。"置业型月光族"多为收入不低、生活稳定的家庭,但他们把收入都主要用于购置房屋、业余充电等方面。他们的投资着眼未来、计议长远,不过略显保守。其实大可以拿出一定比例的收入用于商业投资,尽量提前还清按揭贷款,尽早结束"月光"生涯。

你有财富焦虑症吗

没有钱的时候,你会想方设法地去努力赚钱,因为金钱和财富可以带给你物质和精神生活上的双重满足,但是你有没有想过,某一天你突然拥有了一大笔钱,你的生活难道真的就会变得幸福无比吗?还是你的生活因为过多的财富而变得不再平静?你又是否拥有管理好财富的心态和能力呢?可以说,拥有财富的同时,财富本身也会对你的心理造成一定的负担，你需要调整好自己的心态来接受财富的到来。

以下20个题目都是关于面对大量金钱的时候，人的本能焦虑程度，测试一下你自己有没有不同程度的焦虑。

【游戏测试】

请对下列陈述作出"从来不""有时候""常常""经常"的判断。

1. 认为金钱会妨碍你寻找人生的真正目标。
2. 你认为钱多了，会招致别人的嫉妒。
3. 你担心自己在赚钱的过程中有违法的可能。
4. 你怕赚的钱越多，自己越不满足，欲望会不断膨胀。
5. 你怕周围的亲人、朋友是因为你有钱而喜欢你。
6. 你怕太多的钱会让自己沉迷于不良嗜好。
7. 你害怕朋友开口向你借钱。
8. 你担心赚钱成为你生活的重心，而因此丧失其他乐趣。
9. 你担心太多的钱会给自己造成意外的伤害。
10. 你害怕太多的钱让你不能安心从事工作。
11. 你担心自己守不住太多的钱，成天提心吊胆。
12. 你怕自己为了追求金钱而变得不知满足。
13. 你对管理巨额的财产感到力不从心。
14. 你怕自己一旦获得太多的钱，就失去了工作的动力。
15. 你害怕自己因为拥有太多的钱而变坏。
16. 你担心拥有很多钱会使你对生活丧失兴趣。
17. 你害怕在银行里存入很多钱的时候有人打劫。
18. 你担心自己的精神会因为太多的钱而被腐蚀。
19. 你害怕自己因为很有钱而被人谋害。
20. 你认为太多的钱会让自己感到疲惫。

【评分标准】

以上20个小问题,"从来不"记1分;"有时候"记2分;"常常"记3分;"经常"记4分。全部作答完毕,再累加算出总分。

【心理分析】

20~24分:没有对金钱的焦虑

你对金钱没有恐惧,太多的财富也不能改变你良好的心态。当然,也有可能你本身对拥有大量的财富没有抱有希望和幻想,因为你满足于现在的生活状态,钱多钱少,都不会让你觉得困惑。

25~30分:能控制对金钱的焦虑

你对自己充满信心,对于自己在巨额财富面前的心态也能作出相应的调整。你追求财富的同时,也能掌控好关于财富以外的各个方面。你认为,财富的积累,也是对自我的肯定和信心增加的一个过程。你有能力管理好大笔的财富,不会为此而感到焦虑。

31~37分:对金钱的焦虑不稳定

这种人对金钱在生活中所占有的分量感到不稳定。对你来说,金钱会引起别人的关注,取得和持有都会让他们担心。如果你的焦虑会驱使自己去控制好钱财,就可能通往成功之路;相反,如果老是想逃避钱财风险,整天因为没有安全感而担心,你的焦虑就会阻碍进步。如果你属于这种人,你可能会被焦虑所害,但只要你愿意,你还是可以做到自我掌握,迈向成功。

38~57分:难以控制对金钱的焦虑

这种人很难享受金钱所带来的乐趣,因为金钱以及管理金钱所需要的担心,让你感到缺乏安全感,患得患失的心态让你深感焦虑。焦虑的人因此会把自己隐藏在一些过度自我防御的行为里,比如大量地储蓄,或不信任他人。偶尔,这些焦虑程度高的人也会失去警戒，以不太合适的方式和外界接触，不过，万一接触失败，就会加深你的焦虑。

58分及以上：对金钱的焦虑严重

这种人应该马上寻求解除焦虑的方法及技巧，有可能还包括专业的心理治疗。极端焦虑会造成万念俱灰，失去生活的目标。对周围的人根本无法相信，不可能享受财富所带来的任何乐趣；最重要的是，这种人在成功的道路上困难重重，因为严重焦虑，须付出更重的代价。

你致富的障碍是什么

致富可不是件简单的事情，不是人人都有中彩票的可能，既然运气一般，但是只要我们能够通过自己的努力，改掉阻碍自己发财的陋习，我们就可能有朝一日登上富豪榜，现在就来测一测阻碍你致富的障碍是什么吧！

【游戏测试】

如果你一个人在郊区度假村度假，突然间心情不太好，这个时候你会想到用什么样的方式来调节自己低落的情绪呢？

A. 一个人到周围漫无目地地步行散散心

B. 打电话找几个好朋友过来一块儿野餐一顿

C. 哪都不去，待在自己的房间里抱着枕头发呆

【心理分析】

选A：你是一个非常重感情的人，影响你致富的原因很可能就

是你不懂得如何拒绝别人,所以想要为自己争取到更多的利益,你就要学会说"NO"。

选B:你天生就是个乐天派,阻碍你致富的最主要的原因就是过分乐观,所以如果你想在致富的道路上有所提升,那么你就要学会控制自己盲目观的个性,凡事要考虑成败两方面的可能,不能只看到机会而看不到陷阱。

选C:你是一个非常固执的人,影响你致富的障碍就是太过固执,不懂得变通。虽然你的这个性格能够让你不会轻易因为别人的建议而改变自己的决定,但是智者千虑,必有一失,有时多听听别人的建议也是好事。

谁是你在财富上的"贵人"呢

常听人说"命中有贵人相助",其实所谓"贵人"大概就是指在我们迷茫的时候给我们指明方向的人;在我们灰心时,给我们以鼓舞的;在我们绝望时,给我们带来希望的人。"贵人"们都以雪中送炭的姿态出现。那么在你追求财富的路上,谁会是你的财富贵人呢?

【游戏测试】

1. 假期决定和朋友一起出门度假,你想坐飞机,朋友却建议你用差不多的钱坐豪华油轮去玩,你会怎样决定呢?

A. 接受建议→请回答第2题

B. 还是选择飞机,这样比较快捷、舒服→请回答第3题

2. 在豪华油轮上,你比较喜欢参加哪一种聚会呢?

A. 新奇、刺激的化装舞会→请回答第5题

B. 正式的晚宴→请回答第 4 题

3. 在朋友的几次游说下,终于勉强同意坐油轮,那么你会选择哪一种油轮旅行呢?

A. 针对恋人的甜蜜之旅→请回答第 6 题

B. 专为陌生人设计的缘分旅行→请回答第 5 题

4. 下午茶的时候,油轮上为旅客们准备了丰富诱人的糕点和饮品,你会先吃什么?

A. 饮遍自己中意的各种饮品→请回答第 6 题

B. 吃遍所有新奇的糕点→请回答第 8 题

5. 你认为,在化装舞会上,谁的装扮有可能最具人气?

A. 复古风情的中世纪骑士→请回答第 4 题

B. 最新款式的性感超人→请回答第 7 题

6. 晚宴时,你会发现周围大都是沉迷在烛光中的成双成对的情侣,看着你身边的同性好友,你会有什么反应?

A. 约对方去甲板上看海,以免尴尬→请回答第 7 题

B. 坦然地和对方共进晚餐→请回答第 10 题

7. 你更喜欢在什么背景前为自己留影?

A. 日落→请回答第 9 题   B. 日出→请回答第 8 题

8. 在油轮上,你会先结识什么样的人?

A. 外国朋友→请回答第 9 题   B. 同乡→请回答第 10 题

9. 在油轮上,你遇到了你学生时代的一个朋友,你认为朋友的情况是怎样的?

A. 和爱人共度甜蜜假期→请回答第 12 题

B. 自己一个人散心→请回答第 11 题

10. 在你看来,乘油轮最大的收获是什么?

A. 挑战自己的生活→请回答第 12 题

B. 结识朋友→请回答第 13 题

11. 你的照相机只能拍最后一张照片了，你会拍什么呢？

A. 景物→请回答第 13 题　　B. 人物→请回答第 17 题

12. 如果油轮上安排了大型的晚会，你最不喜欢什么节目？

A. 京剧大联盟→请回答第 16 题

B. 马戏团表演→请回答第 15 题

13. 晚会上的人很多，人影交错之间，你会有不安和寂寞的感觉吗？

A. 不会→请回答第 14 题　　B. 会→请回答第 15 题

14. 作为酒国英雄的你，晚会上你会饮酒吗？

A. 不动声色，不碰酒→请回答第 16 题

B. 为尽兴而喝一些→请回答第 17 题

15. 《同一首歌》竟然在油轮上出现，面对如此难得的机会，你想结交谁？

A. 导演或制作人→答案 C　　B. 你的偶像→答案 B

16. 在晚会上，发生什么事情会让你更觉得尴尬？

A. 众目睽睽之下摔倒→答案 E　　B. 衣服被人泼湿了→答案 F

17. 在油轮上的旅行结束了，这时你会有何感受？

A. 尚未尽兴，回来时再坐一次→答案 A

B. 已经没兴趣了，返程乘飞机→答案 D

【心理分析】

答案 A：你的财富贵人就是你自己。你用自己的双手，坚持不懈地为自己创造一个美好的未来。你坚信人要自立，要依靠自己的力量站起来，虽然有时会很辛苦，不过生活会以同等的果实来回报你的付出。

答案 B：你的财富贵人是你的情人。不论现在怎样，将来你都能够碰到一个肯为你花钱的情人，你可以从对方身上得到很多关怀。不过，情人毕竟不可能做一辈子，因此你应该好好思索一下，如何

乘这个贵人的东风飞得更高更远。

答案C：你的财富贵人是你的另一半。你很幸运，因为你有一个很疼你的另一半，无论对方是不是很有钱，对方都愿意为你花钱，对方就是你的财富贵人！好好珍惜这个疼爱你的伴侣，和伴侣一起去创造你们的天堂。

答案D：你的财富贵人是你的父母。你的父母视你如珍如宝，无论你想要什么，他们都会尽量来满足你。可是你会长大，父母会老去，你忍心看到白发苍苍的他们仍然为你而奔波劳碌吗？学会独立去创造财富，那样你的财富运才会更旺盛。

答案E：你的财富贵人是你的朋友。你有很有钱并且对你有情有义的朋友，在关键时刻，对方总能给予你帮助。不过总接受别人帮助的感觉毕竟不好受，你可能因此而有些嫉妒你的朋友，不过聪明的你应该知道如何去引导这份心情，学会让身边的人际关系为己所用好过因为嫉妒而使这份友情变质甚至破裂。

答案F：你的财富贵人是你的敌人。当你拥抱财富的那一天，一定不要忘记微笑着感谢你的敌人，因为是他们成就了你的财富人生。也许，他们并不是出于善意，不过却阴差阳错地替你办了好事，不管怎么样，感谢他们吧。而所谓的敌人，可能是你的情敌，可能是你的竞争对手，总之会与你的生活密切相关。

你能抵挡住金钱的诱惑吗

面对金钱，有的人认为多多益善，有的人小富即安，还有的人认为只要保证能生存下去就好。你对金钱有着什么样的概念，你能低挡住金钱的诱惑吗？

【游戏测试】

1. 请恋人吃饭,会选择哪里?

   A. 日本料理店→请回答第 2 题   B. 高档西餐馆→请回答第 3 题

   C. 特色路边摊→请回答第 2 题   D. 传统中餐馆→请回答第 4 题

2. 以下哪个图形是你喜欢的?

   A. 圆形→请回答第 4 题

   B. 三角形→请回答第 3 题

   C. 正方形→请回答第 5 题

3. 你认同传统购物会被网上购物取代吗?

   A. 认同→请回答第 6 题

   B. 不认同→请回答第 5 题

   C. 说不好→请回答第 4 题

4. 你是否用过网上银行?

   A. 用过→请回答第 6 题

   B. 没用过→请回答第 5 题

5. 你觉得把钱存放在哪里最安全?

   A. 银行→请回答第 9 题   B. 密室→请回答第 6 题

   C. 地下室→请回答第 7 题   D. 私人保险柜→请回答第 8 题

6. 一个你不喜欢的人一直在说话,你会怎样?

   A. 警告他闭嘴→请回答第 72 题

   B. 尽量忍耐,心里却想痛扁他一顿→请回答第 8 题

   C. 避开他,省得心烦→请回答第 9 题

7. 你会当众揭穿朋友的谎言吗?

   A. 一定会→请回答第 9 题

   B. 一定不会→请回答第 8 题

   C. 因具体情况而定→请回答第 10 题

8. 超市购物时你喜欢用哪样购物工具？

A. 手推车→请回答第 10 题

B. 购物篮→请回答第 9 题

C. 直接用手拿→请回答第 11 题

9. 你有"仇富心理"吗？

A. 经常会→请回答第 11 题

B. 通常不会→请回答第 10 题

C. 不知道→请回答第 12 题

10. 你如何定义"背叛"？

A. 情人不忠→请回答第 11 题

B. 被合作者出卖→请回答第 12 题

C. 好友挖墙角→请回答第 13 题

11. 你喜欢看时装杂志吗？

A. 非常喜欢→请回答第 13 题

B. 一般→请回答第 14 题

C. 不喜欢→请回答第 12 题

12. 你会制定工作或者学习计划吗？

A. 会→请回答第 15 题

B. 不会→请回答第 14 题

13. 有人说过你"忒坏"吗？

A. 有→答案 G

B. 没有→请回答第 15 题

C. 记不清了→请回答第 14 题

14. 你最想成为古代哪种人？

A. 大家闺秀→答案 E   B. 王子→请回答第 15 题

C. 将军→答案 B   D. 皇帝→答案 D

15. 翱翔的雄鹰让你想到什么？

A. 飞机→答案 F　　B. 理想→答案 C
C. 自由→答案 A　　D. 威胁→答案 H

【心理分析】

答案 A：在你看来，钱是为理想服务的，所以，为了追逐理想，你可以忍受饥寒交迫的日子；你不能接受金钱成为你追逐理想的绊脚石，所以，如果你对理财方面的知识不太懂的话，不如仔细学习一下。它会教你善用金钱的办法，以及如何在追求理想的过程中善待自己。当你的理想搁浅时，你要记住，只要不放弃，就会有成功的一天。

答案 B：你的控制欲很强，如果有必要，你会用金钱手段来控制一些人和一些事。但人生总有不如意的时候，如果总是如此，一定会使你陷入被动，最后像那些接受你"贿赂"的人一样成为金钱的奴隶。所以，如果你想找到真正的出路，就不要指望依赖金钱以及其他物质了，试着用自身能力去解决问题。

答案 C：人不可能脱离群体孤立存在，你平时厌恶金钱的铜臭，但是不应该否定它的力量，不然只会令你更加空虚。所以，还是融入到现实中，一步一个脚印前进吧。比如，你可以把钱用在刀刃上，用在真正需要它们的地方。

答案 D：赚钱也要靠机会，所以，不要给自己太多压力，只要尽了全力就好。而且，你要不断地学习，不断丰富自己的思想，这样才能获得赚钱的机会。

答案 E：你要注意的是，太依赖金钱对你没好处。或许你该对自己的未来以及整个人生做一些必要的思考了，否则你会永远空虚下去。

答案 F：一心想着改善自己的人生是好事，但不能因此而养成物质利益至上的毛病，这样做只能适得其反，将自己本应纯净的人生统统出卖是划不来的。所以，还是尽快改变自己的心态吧，凭借实力去赚钱，凭借实力来改变自己的人生。

答案G：不会被金钱所控制，即使在饥寒交迫之际，你的思想也是自由的。如果能坚持的话，你的未来一定会得益于它的。同时也可以通过它来锻炼你的耐力，都说百忍成金，不管忍耐的是什么，只要你能坚持住，就一定会有所收获的。

答案H：你是那种不能没有钱的人，因为你极其害怕身无分文的境地。对你来说，那是一种类似绝境的状态。不过，你花钱的时候总是大手大脚，建议你在埋单时想想自己掘金的辛苦，相信这样会使你理智一点。

你的理财能力合格吗

或许你刚涉足职场，或许你已经成家立业，面对越来越多属于自己支配的财富，你该如何处理它们呢？是存？是花？是投资？存多少？投资多少？投资什么？你考虑过这些问题吗？这些钱财在经过你的整理后会变得越来越多，还是会悄无声息地流失呢？你有理财能力吗？你的理财能力合格吗？下面我们不妨一起来做个小测试检验一下你的理财能力。

【游戏测试】

1. 你清楚自己现在手头上有多少钱吗？

A. 这个我了如指掌

B. 只知道个大概

C. 不清楚，我从来没计算过

2. 你所知道的投资项目有多少种？

A. 5 种以上

B. 2~5 种

C. 只知道放在银行生利息

3. 平时你的钱主要用在哪方面？

A. 全存在银行

B. 全花在日常开销

C. 做了好几项投资

4. 你一个月能花掉多少钱？

A. 这个我也不清楚

B. 一般不透支我就不会去考虑

C. 按计划花钱

5. 需要购买大件商品时你会怎么做？

A. 货比三家，全面搜集资料

B. 选择好品牌

C. 实用就行

6. 平时逛商场时你一般会怎么花钱？

A. 一次买很多东西，回家才发现很多都是没用的

B. 买些需要的东西，随性而行

C. 有计划地购买，一般有打折的更好

7. 好友给你好看的旧衣服时，你的态度是怎样的？

A. 欣然接受

B. 盛情难却，收下但不穿

C. 接受太丢面子，坚决不收

8. 对于请客吃饭，你的看法是什么？

A. 在自己的支付能力范围内，尽量挑好的请

B. 量力而行，不给自己添负担

C. 为了有面子，借钱也得请

9. 如果你正打算买房，可是钱还差很多，你会如何筹钱？

A. 按揭买房，量入为出

B. 有喜欢的就买，没钱找人借

C. 等钱攒齐了一次付清

【评分标准】

第1、2、5、7、9题，选A得2分，选B得1分，选C得0分；第3、4、6题，选A得0分，选B得1分，选C得2分；第8题，选A得1分，选B得2分，选C得0分。

【心理分析】

0~4分：你属于对理财方面知识欠缺的人，在日常生活中，你基本上不懂得该怎样理财，所以你的理财能力处于亟待提高的水平上。

5~9分：你虽然已经开始关注自己的钱袋子了，但是你还很欠缺理财方面的知识，你对理财的认识还仅仅停留在表面，所以你的理财能力也亟待提高。

10~13分：你已经具备了一定的理财能力，但是你的理财意识还不算太强，你还需要对这方面加强关注，这样就会发现你身边还有不少资源有待开发。

14~18分：你的理财能力已经非常强，可以说，你已经懂得如何充分利用身边的资源并将其发挥到最大作用了。

金钱在你心中占有多大地位

有人是一切向钱看的,但是却不愿意承认。有人却视金钱为粪土。你是怎么样的呢?做下面的测试,就知道了。

【游戏测试】

你要去买一个茶壶,会选择什么款式呢?
A. 非常时尚,有现代感的茶壶
B. 样子古朴的茶壶
C. 颜色鲜艳的茶壶

【心理分析】

选A:你非常在意金钱,但是当理想与金钱发生冲突时,为了自己的理想,你会放弃对金钱的追求。你希望有多一点的钱,可以多买一些新鲜的东西,你会为了这个目标去赚钱。不过,你也很聪明,知道适度地控制消费,不让自己有负担。最后,你会成为一个理智的人,理智地面对金钱,理智地追求自己的目标。

选B:首先,因为你很没有安全感,所以希望拥有很多金钱。其次,你很善良念旧,不舍得随意扔掉旧物,所以在添置新物品方面你的花销并不多。最后,你重视朋友,聚会很多,消费大,所以你还是会努力赚钱。在朋友眼中,你却是一个绝对喜欢金钱的人。

选C:为了尊严,你需要金钱。你喜欢装扮自己,你宁可在别的方面节约,也不会在穿着打扮上省钱。光鲜亮丽地出现在众人面前的欲望会让你不得不去努力挣钱。

第八章 情感透析：
婚恋关系需要用心经营

爱情是人类最美妙的情感。然而，爱情也常给人带来许许多多的困惑，也许你对心中的另一半还缺乏足够的了解。生动有趣的心理游戏将全面而深入地剖析你和你的另一半的心理世界，让你告别忧伤与迷茫，更深刻地理解爱情的真谛，找到属于自己的幸福。

自我测试的心理学游戏

测测你的爱情观

爱情是一个永恒的话题，人们自古以来就在探索爱情的秘密，试图找到它的本质，因为爱情给人们带来无尽的快乐，也可能给人造成深刻的伤害。欢乐还是伤害，其实来自你对爱情的态度。

每个人都想获得美好的爱情，你的爱情观在很大程度上决定了你会获得怎样的爱情。来回答以下的小问题，测测自己的爱情观吧！

【游戏测试】

1. 你认为谈恋爱的目的是什么？

A. 最终找到一个情投意合的人，步入婚姻的殿堂（3分）

B. 过二人世界，不受外界的打扰（2分）

C. 为了生理需求，传宗接代（1分）

D. 在一起觉得很好玩，目的不明确（1分）

2. 你择偶的标准是什么？

A. 外貌好，有气质（2分）

B. 能干，有事业（1分）

C. 心地善良，为人正直（3分）

D. 只要爱我，其他一切无所谓（1分）

3. 你认为爱人之间的各方面的差别多大合适？

A. 性格互补，但综合来比较差不多（3分）

B. 我要占上方，有优势（2分）

C. 对方必须各方面比我强（1分）

D. 都可以，根据具体遇到什么人来决定（0分）

4. 你认为什么时候最适合恋爱?

　　A. 心理年龄和生理年龄都成熟，各方面都比较有基础的时候（3分）

　　B. 顺其自然（2分）

　　C. 越早越好（1分）

　　D. 说不清楚（0分）

5. 你期望通过哪种方式认识你的爱人?

　　A. 从小就在一起，两小无猜（2分）

　　B. 偶然艳遇，激情浪漫（1分）

　　C. 相处中日久生情（3分）

　　D. 相亲或他人介绍（1分）

6. 你感觉什么方式最能让爱情长存?

　　A. 一切为对方着想，完全奉献（1分）

　　B. 共同进步，一起成长（3分）

　　C. 不断创造激情（2分）

　　D. 没有办法，爱情是无法保鲜的（0分）

7. 你认为从恋爱到婚姻经过多长时间比较合适?

　　A. 趁热打铁，闪婚（1分）

　　B. 根据感情发展的趋势决定（3分）

　　C. 时间要拖长一些，为了更好地了解对方（2分）

　　D. 直到对方提出求婚（0分）

8. 谁都想对爱人了如指掌，你会通过什么方式完全摸透对方的心思?

　　A. 不断处心积虑地考验，不惜请私家侦探（1分）

　　B. 平时注意观察，主动交流（3分）

　　C. 通过朋友打听对方从小到大的经历（2分）

　　D. 相信自己的直觉（0分）

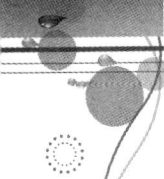

9. 随着时间的推移和距离的缩短,你发现心爱的人身上日益暴露出很多问题,你该怎么办?

    A. 会找适当机会提醒对方(3分)

    B. 不知所措(2分)

    C. 怀疑爱情本身,重新物色恋人(1分)

    D. 谁也无法改变谁,听之任之(0分)

10. 当你和爱人身处异地,你们感情发展平稳的时候,一个身边的异性对你表示出好感,你会怎么处理?

    A. 表明立场,断绝往来(3分)

    B. 玩暧昧,但维持友谊(2分)

    C. 搞地下恋情,脚踏两只船(1分)

    D. 不知道该怎么办(0分)

11. 你突然发现自己爱上的人已有心仪对象,你会怎么办?

    A. 不着急表态,暗中观察(2分)

    B. 主动发起追求,公平竞争(1分)

    C. 君子不夺人所爱,放弃(3分)

    D. 完全没有主意了(0分)

12. 因为父母的阻挠,你们的爱情出现了波折,你会怎么解决?

    A. 积极协商,说服父母,表示彼此相爱的决心(3分)

    B. 非常矛盾,不想面对现实(2分)

    C. 听从父母意见,就此分手(1分)

    D. 无计可施(0分)

13. 对方移情别恋,对你提出分手,你会怎么办?

    A. 动之以情,晓之以理,百般挽留(2分)

    B. 把对方的变心当成罪恶,到处宣扬(1分)

    C. 潇洒地转身,理智地放手(3分)

    D. 咨询朋友,希望得到援助(0分)

14. 当你知道自己的爱人欺骗了你，你会怎么办？

　　A. 后悔自己没看清对方的真面目（2分）

　　B. 报复（1分）

　　C. 选择分手，吸取经验教训（3分）

　　D. 感到自己很失败，难以自拔（0分）

15. 为了爱，你受伤无数，随着时间流逝，你已成了"剩男"（"剩女"）。对此，你的态度是什么？

　　A. 相信有人等着自己，继续我行我素（2分）

　　B. 厌倦了爱情，直接听从家人的意见，随便找一个人结婚（1分）

　　C. 反省自己的态度和经历，想办法改善（3分）

　　D. 听天由命（0分）

【心理分析】

34分及以上：你的爱情观念——成年人

你的心理是成熟的，明确爱情的目的和方向。成熟的你明白爱情的真谛，也知道该如何追求你心目中的爱情，至于方法和技巧因人而异。不要害怕前方的艰难险阻，你有勇气和决心，尽管放下你的顾虑，热情地面对爱人，以你的成熟获得一份美满的婚姻爱情只是迟早的事。

25~34分：你的爱情观念——大学生

你的爱情观是半成熟的。总体上来说，你对爱情的观念是正确的，你内心渴望爱情的出发点也是无可厚非的，然而你却总是有失败的挫折感。原因并不完全在于你的观念，而是你需要一点点信心。书本上的爱情永远是别人的，不能拷贝到你身上，你需要在现实中调整你的心态来抵达幸福的彼岸。

15~24分：你的爱情观念——中学生

你的恋爱观念显然属于不成熟的那种，你渴望爱情的动机也有很多违背常理的地方。如果以你现在的心态和不成熟的爱情态度贸然坠入爱河，结果往往是以不欢而散来收场。所以你需要先摆正对爱情的观念，再找到适合自己对待爱情的态度，这样才不至于"害人，害己"。就是说，你若以不成熟的心态涉足爱情，那绝对属于"早恋"。

15分及以下：你的爱情观念——小学生

对你来说，爱情的话题太沉重了，简直就是成年人的话题。你的内心根本还没开始进入到爱情这个话题。也就是说，你还没有形成自己的爱情观，也不渴望爱情，这有可能是因为你年纪过小，也有可能是因为你周围的环境让你总拒绝爱情的造访，你害怕爱情会给你带来伤害。其实你可以放松心情，顺其自然地等待心理的成熟和"月老的红线"。

你求偶不得的原因是什么

面对心仪的另一半，有的人会大胆地表达爱，而有的人则会顾虑重重，这其中的原因到底是什么呢？我们不妨来自我检测一下。

【游戏测试】

1. 你喜欢看美容时尚方面的杂志吗？

A. 当然，很关注这方面的资讯，会买这方面的杂志

B. 看，但都是借朋友的看，自己不会买

C. 不喜欢，平常很少看这种书籍

2. 你请美发师专门为你设计过发型吗？

A. 有，到专门的发型店去设计过

B. 没有，顶多只是染染头发而已

C. 没有，整理整齐，好看就可以了

3. 你是否有吃零食的习惯？

A. 常常不停地吃　　B. 不多　　C. 对零食根本没有兴趣

4. 你是一个很爱花钱的人吗？

A. 是，常常禁不住诱惑胡乱花钱，是"月光族"

B. 偶尔，有时会神经性地抓狂似的乱花

C. 不会，喜欢存钱

5. 学生时代，你是否做过兼职？

A. 有，去过麦当劳和肯德基那里赚过体力劳动的工钱

B. 没有

C. 有，会当家教或在补习班里当代课老师赚脑力劳动的工钱

6. 你最想成为童话故事中的谁？

A. 白雪公主　　B. 灰姑娘　　C. 睡美人

7. 你的房间布置是怎样的？

A. 有很多自己喜欢的小东西，乱但可爱的小窝

B. 比较偏向单一色系

C. 东西不多，看起来清爽整洁

8. 平常你花在健身上的时间多吗？

A. 蛮多的

B. 不多，不过自己比较好动

C. 不多，而且自己属于比较安静类型

9. 如果你捡到一笔钱，这时候你会怎么处理？

A. 自己用

B. 虽然也想占为己有，不过还是会选择交给警察

C. 不知道该怎么办，丢给亲朋好友想办法

10. 你对另一半的年龄有怎样的要求？

A. 最好比自己小，讨厌被人管
B. 最好比自己大，喜欢成熟些的
C. 大小可以不计较，但是一定要爱自己

【评分标准】

选 A 得 1 分，选 B 得 3 分，选 C 得 5 分。然后，把分数相加在一起得到最后的总分。

【心理分析】

10~20 分：求偶不得的原因是"眼光高"。你自身的条件是相当不错的，因此身边总有不少追求者。但你是典型的眼高于顶型的人，一般的"凡夫俗子"根本就入不了你的法眼。这就注定了你虽然有异性的青睐，却也只能夜夜独守空房。

21~30 分：求偶不得的原因是"矜持"。你的条件也许很好，不过你总是矜持。你总是希望心仪的另一半可以再多付出一点，总觉得另一半要通过你的重重考验，你才能放心把自己交给对方。偏偏在这条爱情长路上，没几个人能够坚持到底的，所以你爱情的春天迟迟不来。

31~40 分：求偶不得的原因是"做作"。面对异性，你总是很喜欢展现出自己冷酷的一面，藏起自己那颗温柔敏锐的心，在喜欢的人面前尤其如此。如此做作的结果就是，让对方误会你不喜欢他，甚至讨厌他，然后离你越来越远。

41~50 分：求偶不得的原因是"自卑"。你对自己缺乏信心，有些自卑，像是躲在角落的丑小鸭一样。你跟异性相处会很紧张，尤其跟心仪的异性相处时，紧张得好像在排斥对方，导致别人就算喜欢你，都不敢付诸行动。

你希望爱情是一幅什么样的画

爱情就好像一幅美丽的图画,在人们面前层层叠叠地展开,令人深深地陶醉于其中。不知道你有没有想过,属于你的爱情究竟是一幅怎样的画。是浓墨重彩的油画,还是清新淡雅的水彩画?你的爱情故事到底洋溢着怎样的风情呢?做下面的测试,看看你欺待的爱情会是一幅怎样的优美图画。

【游戏测试】

1. 每次看到你们的合影,你会有什么感觉?

A. 觉得对方上镜不好看→请回答第 2 题

B. 认为自己照得不够漂亮→请回答第 3 题

C. 幸福→请回答第 4 题

2. 你们会经常激烈地争吵吗?

A. 经常→请回答第 4 题

B. 完全没有→请回答第 4 题

C. 偶尔→请回答第 5 题

3. 如果对方做错事惹你生气,你会"冷冻"对方多久?

A. 不到一天→请回答第 4 题

B. 至少两三天→请回答第 5 题

C. 一个星期甚至更久→请回答第 6 题

4. 对于你们的纪念日,你们谁也不会忘记吗?

A. 很多时候都记不住→请回答第 5 题

B. 你不太记得,对方都记得→请回答第 6 题

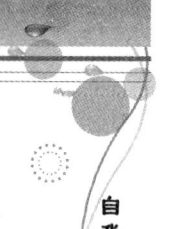

C. 你记得,对方总是忘记→请回答第 2 题

D. 你们都记得→请回答第 8 题

5. 你认为你要共度此生的人就是此人吗?

A. 还没确定→请回答第 6 题

B. 不是→请回答第 7 题

C. 是的→请回答第 8 题

6. 如果有比你的恋人更加优秀的人追求你,你会怎么办?

A. 小心行事,一脚踏两船→请回答第 7 题

B. 不表态,与追求者保持暧昧的情感→请回答第 8 题

C. 与旧人分手,接受新人→请回答第 9 题

D. 婉拒,继续与自己的恋人相守→请回答第 10 题

7. 到目前为止,你发现他有着你无法容忍的缺点吗?

A. 是的→请回答第 8 题

B. 不知道,因为还不是很了解对方→请回答第 9 题

C. 没有→请回答第 10 题

8. 对于你们的恋情,你们的父母持怎样的态度?

A. 你的父母赞成,对方的父母不同意→请回答第 10 题

B. 你的父母不同意,对方的父母没意见→答案 A

C. 双方父母都赞成→答案 E

D. 双方父母都不赞成→答案 F

E. 父母还不知道你们之间的事→答案 D

9. 在你们的相处中,你最多的体验是什么?

A. 幸福快乐→答案 E

B. 悲伤不安→答案 C

C. 没有特别的感觉→请回答第 10 题

10. 你们会为了感受浪漫而一起做出一些疯狂的事情吗?

A. 会→答案 A   B. 不会→答案 B   C. 说不清楚→答案 A

11. 你认为自己与恋人的相处状态最符合下面的哪一项？

A. 彼此了解，互相关心→答案 A

B. 彼此都已经习惯对方的存在，根本无法分离→答案 B

C. 冲突常常发生，有很多难以解决的矛盾→答案 D

D. 在吵闹中甜蜜着→答案 E

E. 像白开水一样平淡，苍白无力→答案 C

【心理分析】

答案 A：油画。你们之间的爱情就像油画一样浓墨重彩，色彩华丽，强烈得不可思议。两人在一起的时候，空气中都会有涌动着的电流。总之，你们甜蜜得让人妒忌。不过，你们很容易因为这样而忽视了其他的亲友哦，最好分散一点注意力到亲友身上，亲友也是很重要的。

答案 B：水彩画。你们虽然没有爱得惊天动地、海枯石烂，但是你们爱得很温馨。生活中的每一个小细节都体现着你们爱的温馨，你们的爱情就是在这种平淡的温馨中日趋稳定，进而升华的。如果能够为对方多花一点心思，多制造些惊喜和浪漫，那你们的爱情可能会更加久远。

答案 C：素描。你们的爱情已经出现问题。这或许是因为你们在一起太久的缘故，爱随着时光的流逝，慢慢地从热烈转向平凡了。你是不是也感觉这样的爱情有点乏味呢？赶快和恋人来一场心灵的沟通吧！不然，恐怕就真的来不及了。

答案 D：漫画。你们的爱情在别人眼里是无厘头，又搞笑，十足一幅逗人开心的漫画；可是身在其中的自己却完全体会不到开心，非常苦闷。你们的爱情学分真的很低，又完全凭感觉行事，因此你们总是为了小事而争吵。要想感情出现转机，你们需要共同学习爱情的道理，这样才会令彼此间的感情得到升华。

答案 E：水墨画。你们的感情会像水墨画一样经久不衰，在隽永的时光里散发着永恒的意味。虽然你们的感情是内敛型的，不会整天地爱过来爱过去，但是，你们都明白平平淡淡才是真的道理，而且你们这份深厚的爱情就像用色简单的水墨画，不仅不会随着时间的流逝而消失，而且还会越来越浓。

答案 F：水粉画。你们的感情犹如一幅色调朦胧的水粉画，扑朔迷离，让人看不清真相。你们经常意见不合，吵闹是家常便饭，但很快就会和好，之后会甜蜜如初，然后又会再吵。外人都不看好你们的恋情，只有你们自己知道，其实你们是对谁也离不开谁的小冤家。偶尔还是在人前秀一下甜蜜吧，以免惹来一些闲言碎语！

你们天生是一对吗

你和对方相处已经有一段时间了，但是你心里是否能清楚地知道，对方是否真的和你相配，在日后更加漫长的相处中，你们之间能做到琴瑟相和吗？通过这项测试，也许会给你提供一定的帮助。

本项测试共分两部分，每部分 3 道题目，每题 3 个选项，请从中选出适合你的一项，15 分钟内完成解答。

【游戏测试】

一般观察检测：

1. 在和你非常尽兴地交谈时，对方会有哪些肢体语言？

A. 把手不自觉地放在脑门上

B. 习惯于用手摸头发

C. 没注意过，似乎没有特别的举动

2. 某一天，假若你发现对方不仅仅在和你来往，还有其他来往密切的异性朋友，你会怎么样？

A. 和对方彻底了断，再找其他的感情归宿

B. 公平竞争，把对方的心牢牢拴住

C. 全力以赴维持现状，充分尊重对方的意见

3. 在你们最后一次在一起的时候，对方表露出什么样的面部特征？特别是双眸。

A. 充满笑容，双眼眯成一条缝儿

B. 双眼平视，与往常没什么不一样

C. 在脑海里对对方的一双眼睛没有印象了

4. 在你们自己拍的两人生活录像片或合影中，仔细看看，你们一起面向镜头时，他的手一般是放在什么样的位置上？

A. 双手合抱，或随意放在腿的两侧

B. 手放在你的肩上，或者在拉着你的手

C. 你们两人从没有过这样的录像或合影

5. 如果你们结束了一天的聚会，正要相互告别时，他一般有什么样的表现？

A. 始终站在原地目送你，直到你的身影消失在视野中

B. 没有任何表示，快速踏上回去的路

C. 随口说声明天见，走一段路后又转过头来

6. 在和你相处时，你留意到对方的袜子是什么样的？

A. 洗得很干净整洁　　B. 又脏又旧，很破　　C. 不太注意

7. 如果你有足够的能力改变对方身体的某个部位，那么你打算让对方什么地方发生改变呢？

A. 五官　　　　　B. 身高　　　　C. 性格、思维方式

8. 现在的对方与你们初次见面时比起来，有什么不一样的地方吗？

A. 相处一段时间后的对方比起那时候更细腻、温柔

B. 这段时间里,看到了对方易怒、爱发火的一面

C. 对方始终都一个样子,不曾发生变化

实际行动检测:

1. 跟对方同坐一个座位时,如果抬起腿来的话,对方的哪一条腿会在上面?

  A. 离你较近的在上面

  B. 离你较远的在上面

  C. 对方不抬腿

2. 你们两人同坐公交车,车上人并不多,有很多空座位,可你有意坐到了单人的位子上,那么对方可能会出现下面哪种表现和动作?

  A. 不去找座位,就站在你的旁边

  B. 到车后面其他空位子上去坐

  C. 把你拉起来,找一个你们俩都可以坐的地方

3. 在饭馆或咖啡厅,如果你表示出有意付账的意思,并主动叫来服务员,这时对方会有什么表示?

  A. 把服务员叫到身边说:"今天我请客。"

  B. 不说任何话,默默地把账单拿到你身边

  C. 没有任何反应

4. 在你们面对面而坐时,你很专注地看着对方的双眸,对方一般会是什么样的举动呢?

  A. 不与你对视,把视线转向别处

  B. 迎接你的目光,与你对视

  C. 很不好意思地问你:"怎么啦?"

5. 在过马路时,你因有急事想在变为绿灯之前就快速闯过去,

这时对方会如何表现？

　　A. 不说任何话，拉着你的手

　　B. 说："等等吧，不能这样。"

　　C. 不作任何表示

　　6. 某一次，你和对方并肩走在马路上，假设你走在了对方的左边，对方会有什么反应？

　　A. 依然走自己的路，没有任何反应

　　B. 立刻主动过来换位置

　　C. 不知不觉中露出不自然的神色

　　7. 在餐厅内，你们面对面交谈时，如果你两只手抱住，他会有什么样的动作和表现？

　　A. 和你类似，同样双手抱住

　　B. 没有任何反应

　　C. 将两只手放在椅子背上

　　8. 在公共场所，比如地铁或电影院，你有意拉住对方的手，对方会有什么反应？

　　A. 也以同样的力气拉着你的手

　　B. 用力放开你的手

　　C. 反应平静，从手上感觉不到什么

【评分标准】

　　一般观察检测

　　题号　　1 2 3 4 5 6 7 8

　　得分A：5 1 5 3 5 5 1 5

　　得分B：3 5 1 5 1 3 5 1

　　得分C：1 3 3 1 3 1 3 3

实际行动检查

题号	1	2	3	4	5	6	7	8
得分A:	1	3	5	1	5	5	5	5
得分B:	5	1	3	5	3	3	1	1
得分C:	3	5	1	3	1	1	3	3

【心理分析】

对照上表，将第一部分、第二部分得分分别相加，得到两个数值。

第一部分：通过一般观察性检测，可以了解对方对你外表的爱慕程度。

8~18分：对方是个看起来很无情的人。对方不但不愿直率地向你表示他对你的爱意，而且对你的态度也显得冷淡。对方的性情有点孤僻。要是对方在实际行动测验中得分也很低的话，那就表明对方是不会为你动心的。

19~29分：对方对爱情没有什么特别的感受，平时对你很体贴。

30~40分：看起来对方对你很热情，也很专一，很希望能赢得你的芳心。

第二部分：实际行动测试，可以看出对方对你是否真心。

8~18分：对方有些厌烦你，并且在某些方面，有想要拒绝你的举动。

19~29分：对方很喜欢你，但是不能自然流露出自己对你的感情，所以对方正处于不安的状态。

30~40分：对方完全沉醉在对你的爱情中，是非你莫属的热爱型。

另外，根据一般观察测验与实际行动测验的得分之和，可以看出你跟对方到底是属于哪种类型的情侣。

0~16分：消极冷淡型——你们两人若不是为彼此的性情不合而烦恼，就是常为了一些小事想指责对方。你们很容易对彼此不满。你们两人之间很不和谐。要是你热情一点，对方就变得很冷淡；相反，若是你对对方漠不关心，对方反而突然对你热情起来。你们似乎很相配的样子，但时间一久，你们之间大概就会因为有裂痕产生而逐渐变得冷淡。如果你们要发展成一对很亲密的情侣，那是需要相当的忍耐与努力的，你们的爱情结局不会太乐观。

17~31分：谨慎地互相刺探型——你们两人彼此都很了解，也很体谅对方的心情。如果你们其中的一方稍微再努力一点，使自己的情绪表达得更顺畅的话，你们一定可以进入热恋。而现在你们两人都过于谨慎，彼此之间欠缺坦诚。由于对方很了解你的心理，所以千万不要玩什么花样，否则可能会造成对方对你的误解。

32~47分：友情发展型——与其说你们是一对情侣，不如说你们停留在普通朋友的阶段。你跟对方就像是以前学生时代的朋友一样，还谈不上爱或不爱。你们之间不但能毫无保留地交谈，而且彼此也都很了解对方。所以若能进一步交往，未尝不是件好事。在现在这个阶段，你们之间仅止于友情而已。但如果你与对方继续交往的话，在将来是有可能发展成一对情侣的。不过这是需要花时间去努力的。

48~63分：热情洋溢型——你们这一对，不论是你或是对方，都在爱河里陷得很深。对你来说，没有了对方的生活实在是无法想象的；而对方也是一样，无时无刻不想着你。你非常依赖对方，似乎一切全听对方的吩咐，而自己无法作理智的判断。

64~80分：戏剧性的发展型——你自己似乎也搞不清楚为什么会迷恋对方。一方面争吵，互相表示不满，另一方面却又一直交往下去，这就是你们富于变化的戏剧性恋爱。你的情绪不停地在转变，有时会觉得对方很讨厌而想跟对方分手，但是一旦有情敌出现或遭

到周围人的反对,这时你会变得更喜欢对方而对对方更加热情。有时候,对方也会疯狂地爱着你。你们是奇特的一对,如果你们是戏剧性的发展型,请你们今后都自我克制一些。你们也许会很幸福,因为有一点可以肯定,你们彼此其实谁也离不开谁,尽管你们可能都不愿意承认这一点。

对方迷恋你哪一点

我们每个人的生活都需要爱情的滋润,都需要爱的甘泉,但这是需要建立在一些基础之上的。你们的幸福是建立在什么基础之上的呢?对方可能在迷恋你的哪一点呢?答案会在下面的测试中揭晓。

【游戏测试】

1. 当对方心情不好时,对方会有以下哪种行为?

   A. 不停地倾诉,希望获得你的建议

   B. 自言遇到的问题比不上你的严重

   C. 表现出若无其事的样子

   D. 表现出好像为你解决问题的样子

   E. 告诉你他心情欠佳,但可以独立克服困难

2. 当与你的朋友们在一起时,对方会如何表现?

   A. 不理会他们　　　　　　B. 礼貌地与对方闲聊

   C. 肆意与朋友们嬉笑胡闹　D. 大谈某位异性漂亮(帅气)

   E. 表现出很友善的样子,但十分尊重你

3. 当你们就某个问题产生了很大的分歧时,对方会如何表现?

   A. 同意你的看法,处处让步

B. 让你相信他是对的，而你是错的

C. 尊重你的意见，但自己的看法不变

D. 对你的意见充耳不闻

E. 耐心地与你讨论

4. 对方本来答应给你打电话，结果出现了下列哪种情况？

A. 第二天对方就打电话来，而且天天如此

B. 虽然打电话给你，却表现出很忙碌的样子

C. 没有打电话给你

D. 半夜才打电话给你，还问你要不要马上见他

E. 遵守诺言

5. 当你打电话给对方时，对方会作出什么样的反应？

A. 鼓励你常常这样做

B. 让你知道他准备打电话给你

C. 好像十分忙碌，无暇跟你交谈

D. 答应会打电话给你，结果食言

E. 礼尚往来，时而打电话给你

6. 与你相处的异性有什么特质呢？

A. 过于浪漫的人　　　　B. 很容易受感动

C. 颇有理性的人　　　　D. 只有在某些时候才显得热情

E. 大部分时间都很热情

7. 日常生活中，你希望对方为你做什么呢？

A. 替你找的士　　B. 争着付款　　C. 时常陪伴着你

D. 经常同你外出　　E. 各自付款，谁也不欠谁

8. 当你们讨论你面临的问题时，对方的反应往往是什么？

A. 把他更大的问题说出来　　B. 告诉你应如何解决问题

C. 避而不谈　　　　　　　　D. 认为你有足够的能力独立应付

E. 与你讨论问题，而且支持你的看法

【评分标准】

看看A、B、C、D、E中你选的最多的是哪一个,对照以下评析。

【心理分析】

大多选A:对方钟情于你的原因是你坚强自立的个性,让对方可以依赖和依靠你,而你是经济独立、懂得表达自己的感觉和思想的人。热情的你,会让周围的人觉得你能给他们带来希望。

大多选B:对方最喜欢你的地方,是你表现出很柔弱需要保护的可怜相,对方会觉得自己很重要,必须一生相伴在你左右。你会让人觉得照顾你是一种无须推卸、也无法推卸的责任。

大多选C:你能给对方足够的心理空间,所以对方会觉得你很体贴、善解人意。你能吸引对方是因为你能使对方在全无心理压力下与你谈情说爱,你懂得体谅对方工作繁忙或其他的难言之隐。

大多选D:你是一个容易知足的人。知道自己想要什么,也明白自己该要的是什么。你对异性要求不多,对方自然也很欣赏你这一点。而你的恋爱对象几乎都是以自我为中心的人,你与他们谈恋爱,往往是把自己的要求尽量降低,迁就对方。你不太考虑自己的内心感受,即使不乐意去做,也会强压住自己的想法,以求得双方的和谐。

大多选E:表示你心仪的对象是一个处事得体,懂得自我解决问题的人,而你也是一个坚强而且办事效率高的人,很有人情味,喜欢创造生活情趣。正因为你们有着彼此不同的东西,比如不同的看法、不同的个性,所以才会因为这些独立的不同的闪光点而相互吸引。

你现在渴望结婚吗

你目前是否渴望结婚？你的心理年龄是否达到了结婚的年龄呢？你真的能承担起一个家庭的责任吗？

【游戏测试】

跟对方约会时，一时兴起买了彩券，居然中了500万，你会如何处理呢？

A. 跟男友一起挥霍掉　　B. 一半存起来，一半自己用
C. 把钱全部给男友　　　D. 不吭声一个人独占

【心理分析】

选A：立刻想结婚型。选择将喜悦与对方分享的你十分渴望婚姻，如果可以的话，要你立刻结婚也没问题。因为你早就打听好哪家喜饼好吃、哪家饭店有折扣，你的准备工作都已完成，只不过这样容易给另一半造成不小的压力，最好彼此多沟通一些会比较好。

选B：时机成熟型。目前的你觉得自己该结婚了，只不过你可能对于另一半有所不满。

选C：时机未到型。现在的你觉得"结婚"是件离你很遥远的事，不管目前的状况如何，你都觉得一切言之过早，可能是你交往的对象不能让你有组建家庭的信心。总之你会暂时维持现状一阵子，然后再慢慢思考其他的可能性。

选D：独身主义型。你有点瞧不起婚姻，根本不想进这个"恋爱的坟墓"。目前的你很喜欢单身，自由自在的生活，让你舍不得就

此放弃。不过好的另一半会很容易被抢走,如果不是坚定的独身主义者,该把握的时候还是要把握,不然到最后很可能会徒留遗憾。

你的婚姻质量如何

一段好的婚姻需要两个人共同努力来经营,不仅是努力还要用心。就像一杯咖啡的味道,是苦是甜,是浓郁的香味让人唇齿留香,还是烧透的咖啡让人满嘴苦涩,都看煮这杯咖啡的人是用怎样的心。那么你的婚姻呢?下面是美国华盛顿大学心理学教授约翰·高特曼(他是离婚预测研究领域的鼻祖)开列的供夫妻双方了解其婚姻是否美满的 22 道自测题。

【游戏测试】

下面有 22 个陈述,快让你的另一半和你一起来看看,看你们符合其中几条。

1. 婚姻中充满了热烈和激情。
2. 能明白配偶目前正面临什么样的压力。
3. 知道配偶最近总是被哪些人惹怒。
4. 知道配偶的人生梦想是什么。
5. 分居两地时,你会经常思念配偶。
6. 能感到配偶对你了如指掌。
7. 能列出配偶最不欣赏的那些亲戚的名单。
8. 了解配偶基本的人生观点。
9. 彼此常会动情地抚摸或亲吻对方。
10. 配偶很尊重你。

11. 能说出配偶至交好友的名字。
12. 热衷彼此倾心交谈。
13. 你做的事情,配偶都很欣赏。
14. 配偶基本上喜欢你的个性。
15. 大多数情况下,双方都对性生活感到满意。
16. 配偶是你最好的朋友之一。
17. 每天下班时配偶见到你,都会心花怒放。
18. 浪漫仍是婚姻生活的一项内容。
19. 讨论问题时,双方都对结果有相当的影响力。
20. 即使彼此意见不同,配偶也会耐心地听你阐述你的观点。
21. 配偶通常都能漂亮地解决生活中的问题。
22. 彼此的基本价值观和人生目标比较契合。

【心理分析】

若你们的情况与其中12条以上相符,你们的婚姻绝对是铜铸铁打的江山;若与你们相符的少于12条,你们的婚姻出现了一些问题,你们需要沟通,找出问题所在,然后对症下药,解决它。千万不要让问题变大。

你的婚姻观是什么

婚姻观因人而异,有的人崇尚安详宁静,携手共老的金婚;有的人喜欢一个人海阔天空的单身贵族生活;有的人则幻想着跟爱人携手拼搏的激情岁月;有人高唱着"丁克,丁克,我爱你!"那么,你的婚姻观是什么呢?

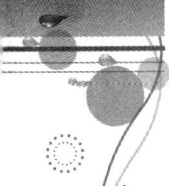

【游戏测试】

1. 当你冲洗和朋友的合照时,你都会加洗,给朋友们一份?

   A. 是的→请回答第 2 题   B. 不是→请回答第 3 题

2. 即使自己并不想去,也常常随波逐流地跟朋友一起去厕所?

   A. 是的→请回答第 3 题   B. 不是→请回答第 4 题

3. 关于礼物,以下哪个选项符合你的情况?

   A. 你比较常送人→请回答第 5 题

   B. 你比较常收到→请回答第 6 题

4. 如果跟好朋友闹矛盾,你比较讨厌哪一种情况?

   A. 讲道理讲不过他→请回答第 7 题

   B. 听他自以为是地滔滔不绝→请回答第 8 题

5. 一起吃东西,剩下最后一个的时候,你会说什么?

   A. 你要吃吗→请回答第 8 题   B. 我要吃了哦→请回答第 9 题

6. 约会场所最多是哪里?

   A. 他想去的地方→请回答第 9 题

   B. 自己想去的地方→请回答第 10 题

7. 别人一拜托你,你就难以拒绝吗?

   A. 是的→请回答第 11 题   B. 不是→请回答第 12 题

8. 曾经想过,为了心爱的人,你可以牺牲任何东西,甚至生命?

   A. 是的→请回答第 12 题   B. 不是→请回答第 13 题

9. 想早点有自己的孩子?

   A. 是的→请回答第 13 题   B. 不是→请回答第 14 题

10. 有过感情出轨的经历?

    A. 是的→请回答第 15 题   B. 不是→请回答第 14 题

11. 下列哪一项更像是在说你呢?

    A. 擅长倾听→请回答第 16 题   B. 擅长说话→请回答第 12 题

12. 如果要选一个职位任职，你会选哪一个？

A. 社长→请回答第 7 题　　B. 副社长→请回答第 16 题

13. 你更喜欢下列哪部电影的女主角？

A.《罗密欧与朱丽叶》→请回答第 17 题

B.《泰坦尼克号》→请回答第 18 题

14. 经常跟你一起用餐的朋友有几个？

A. 4 个或以上→请回答第 18 题　　B. 3 个或以下→请回答第 19 题

15. 有过被恋人嫌你太任性，进而分手的经历吗？

A. 有→请回答第 19 题　　B. 没有→请回答第 14 题

16. 你通常都不会跟朋友借钱，而是经常借钱给别人？

A. 是的→请回答第 20 题　　B. 不是→请回答第 21 题

17. 你对做义工有兴趣吗？

A. 有→请回答第 21 题　　B. 没有→请回答第 22 题

18. 你跟朋友有约，又跟恋人有约，如果撞期，哪边会是优先？

A. 恋人→请回答第 22 题　　B. 朋友→请回答第 23 题

19. 一旦开始交往就会维持很久？

A. 是的→请回答第 23 题　　B. 不是→请回答第 24 题

20. 你是个相当孝顺的人吗？

A. 是的→请回答第 25 题　　B. 不是→请回答第 21 题

21. 跟异性相处时，你是哪种类型？

A. 想照顾对方的类型→请回答第 25 题

B. 想被对方照顾的类型→请回答第 26 题

22. 和恋人吵架之后，通常谁会先认错并哄对方？

A. 自己→请回答第 26 题　　B. 对方→请回答第 27 题

23. 跟恋人看电影，通常会选择谁喜欢的电影？

A. 对方→请回答第 27 题　　B. 自己→请回答第 28 题

24. 等红绿灯是件让人讨厌的事吗？

A. 是的→请回答第 28 题　　B. 不是→请回答第 23 题

25. 你更喜欢哪一种人生？

A. 平稳的人生→答案 A　　B. 多彩的人生→答案 B

26. 你会为了不被束缚而提出分手吗？

A. 是的→答案 C　　B. 不是→答案 B

27. 如果自己有很想做的事，但是你的恋人反对，你会放弃吗？

A. 是的→答案 D　　B. 不是→答案 C

28. 若对方身上有缺点，在你眼里这个缺点会越变越大，甚至会让你越来越讨厌对方吗？

A. 是的→答案 D　　B. 不是→请回答第 27 题

【心理分析】

答案 A：果然还是家庭最温暖

你的婚姻观念相当保守。对你而言，每个人都要结婚，守着家庭，照顾另一半和孩子，这就是最大的幸福。你是顾家的人，为了家人幸福可以牺牲自己的一些东西。因此你也会对另一半和孩子过度依赖。

答案 B：丁克一族的生活是你所梦想的

在你看来，所谓婚姻，就是夫妇俩相互依靠、相濡以沫地过日子。你认为夫妻之间应保持对等关系。家庭即使再重要，你也决不会为了家庭而放弃自己的梦想。

答案 C：一个人生活也可以快乐

对你而言，婚姻是一个无聊的东西。虽然你也想结婚，但最终都会因你不想受到束缚而放弃。其实，自由和婚姻是可以两全其美的，你可以选择"周末婚姻"，这样能够跟另一半保持一定程度的距离，如此一来自由、婚姻两者都有了。但是你必须是个大度的人，不能嫉妒。

答案 D：对婚姻不抱任何憧憬

潜意识里你会觉得婚姻能夺去自己的自由，会为生活增加许多麻烦。毕竟婚姻里柴米油盐等乱七八糟的事情太多了。你希望谈恋爱，但是不想结婚。结婚对你来说实在是难以下定决心的事。

测测你的婚姻幸福指数

婚姻中，你们彼此能否相敬如宾，能否互相信任，和谐相处。特别是当婚姻生活中出现一些小矛盾小摩擦的时候，你能否处理好。这些都关系到你的婚姻是否幸福。下面就来测试一下你的婚姻幸福指数吧！

【游戏测试】

1. 你憧憬中的幸福家庭生活跟以下哪种最接近？

A. 一家人都相亲相爱（5分）

B. 没有烦恼，就算有问题，也能及时化解（3分）

C. 两者都有（1分）

2. 你们夫妻俩属于以下哪种情况？

A. 牛郎织女，难得见一面（5分）

B. 没有分离（1分）

C. 周末夫妻或者偶尔有分离（3分）

3. 你如何看待夫妻间的隔阂和吵架？

A. 难以应对的问题（5分）

B. 期望永远不要发生（3分）

C. 夫妻间有矛盾很正常，很快和好才是关键（1分）

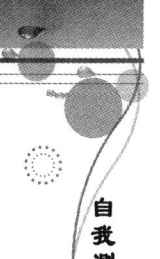

4. 周末和假期,你们夫妻俩总是出双入对吗?

A. 基本上都在一起,因为我们兴趣爱好相同(1分)

B. 和亲友在热闹中一起度过(3分)

C. 夫妻俩分别有不同的活动(5分)

5. 如果在家做饭,你们是一起分担吗?

A. 看谁有时间谁做,或者一起做(1分)

B. 固定某一方做(3分)

C. 不一定,但是都不想做(5分)

6. 你认为夫妻间性生活质量对你们的婚姻来说很重要吗?

A. 没想过(5分)

B. 不算很重要(3分)

C. 相当重要(1分)

7. 你们会为哪个话题最容易发生争吵?

A. 财政方面(3分)

B. 生活中的一些小摩擦(1分)

C. 怀疑出现第三者(5分)

8. 你们发生争执后,一般是谁先做出让步?

A. 总是固定的某一方先让步(3分)

B. 互相都会有所让步(1分)

C. 都不想让步,求助于外力(5分)

9. 你们对于孩子的教育和未来发展能达成一致意见吗?

A. 完全一致(1分)

B. 大相径庭(5分)

C. 总的来说一致,某些方面会出现分歧(3分)

10. 空闲的时候,你们经常会坐下来聊天,来谈彼此的心理感受吗?

A. 有这个习惯(1分)

B. 偶尔会有，但不定期（3分）

C. 从来没有（5分）

11. 你们会讨论性生活中彼此的感受吗？

A. 经常（1分）

B. 很少（3分）

C. 没有，对这个话题很忌讳（5分）

12. 你现在平心而论，你的伴侣是你要找的人吗？

A. 完全不是（5分）　　B. 正是（1分）　　C. 很难说（3分）

【心理分析】

12～22分：幸福指数99%

恭喜你，拥有一个让你倍感温暖和幸福的港湾。你和爱人的关系非常和谐，这源自你们有着共同的价值观和生活方式，你们彼此都深爱着对方，而且都是有责任感的人。无论你们有没有孩子，都是非常幸福的。生活中偶然的一点麻烦对你们的家庭根本构不成威胁。希望保持这种幸福，白头到老！

23～46分：幸福指数50%

总的来说，你们夫妻间的幸福可圈可点，但存有若干不理想因素，你们对此不要忽略。须明白，即使当初双方起点相同也不等于有相同的终点，更不等于在生活旅途中永远美满和谐，因而有不理想的成分不应苦恼，应视为正常现象。关键是要培养共同的价值取向。价值观是夫妻间关系稳固的基石，你们对此应时刻留意。

47～60分：幸福指数10%

你们过的是貌合神离的生活，虽然在外人看来你们是一对相安无事的夫妻，但是关起门来，你们自己知道问题有多严重。长期夫妻关系失调、感情难于沟通，即使终日相处也感受不到欢乐和幸福，还易导致更大的变故。

你是合格的另一半吗

婚姻中的你，是合格的另一半吗？想要更深入地了解自己，请做下面的测试。

【游戏测试】

对妻子的测试：

请你判断下列陈述与你是否相符，相符回答"是"，不相符回答"否"。

1. 你对他的父母及亲戚友善。
2. 你的思想不断充实，并与丈夫保持相近的兴趣。
3. 你常为合理而折中的意见微笑。
4. 对丈夫感兴趣的事情，你给予其足够的自由和支持。
5. 你时常更换家中的饭菜，使他坐在饭桌前时，总不知道将吃什么东西。
6. 你能勇敢地、愉快地应付经济上的困难，不批评丈夫的错误，或将他与更成功的人作比较。
7. 你穿衣服，在颜色及式样上注意你丈夫的好恶。
8. 你努力学习丈夫所喜欢的运动项目，并与他共同消遣。
9. 你尽力使你的家庭有吸引力。
10. 你对于丈夫的工作有了解。

对丈夫的测试：

请你判断下列陈述与你是否相符，相符回答"是"，不相符回答

"否"。

1. 你对她读的书，对她关于公众问题的见解，的确有兴趣。

2. 对她为你所做的小事，如钉钮扣、补袜子或帮你洗衣服，你会感谢她。

3. 在妻子生日时，你还送花给她；你常用些妻子没有想到的温柔的话语向妻子"求爱"。

4. 你机警地寻求机会赞美她。

5. 你经常不在别人面前批评妻子。

6. 你尽力去了解她的各种女性的特性，并帮助她度过疲乏、不安、易怒的时期。

7. 你有至少一半的消遣时间同她共处。

8. 在家庭费用以外，你给她钱，完全随她支配。

9. 你能让她与别的男子跳舞而不说嫉妒的话。

10. 如果你的妻子在做家务方面略显"笨拙"，你会巧妙地避免将妻子做家务的能力与母亲或别人的妻子比较。

【评分标准】

对妻子的测试：

答"是"得3分，答"否"得0分。得分相加。

对丈夫的测试：

答"是"得5分，答"否"得0分。得分相加。

【心理分析】

对妻子的测试结果：

24分以上：祝贺你，你是一位非常贤惠并受丈夫宠爱的妻子，但你应不断提醒自己，不要总让他有优越感。

24分以下：虽然你的成绩不太理想，但你也不要泄气，希望你努力成为合格的另一半。

对丈夫的测试结果：

40分以上：说明你是一个合格的丈夫，你应更加努力，你们的婚姻会更美好。

40分以下：说明你不懂得做丈夫的学问，还得从头学起。但对自己要有信心，如果在妻子的帮助下效果会更好。

第九章　职场透析：
掌控瞬息万变的职场风云

　　职场如战场，一个人要想在职场中有所作为，就必须参透其中的玄机，只有悟透职场玄机，才能做到运筹帷幄、决胜千里。熟谙此道的人能如鱼得水、步步高升。面对残酷的职场斗争，你能趋利避害吗？

你有工作的目标吗

明确目标,知道自己要去何处,并朝着目标迈进,这是成功的第一步。然而在现实生活中,很多人都存在着盲目性,无论做什么都糊里糊涂。一个人如果没有目标,做事往往就像无头的苍蝇一样,到处乱撞。因此,认真对自己进行审视评估,根据自身特点明确一个目标是十分重要的。

【游戏测试】

1. 现在的专业或特长是由你自己选择学习的吗?

   A. 是的 B. 不清楚

2. 如果现在你失业了,你认为可以凭借你的能力找到合适的工作吗?

   A. 没问题 B. 很难说

3. 对于你现在所在公司的未来,你有信心吗?

   A. 有一定的信心 B. 拿不准

4. 你现在的公司对你有过学习培训吗?

   A. 有过 B. 没有

5. 你现在从事的工作能发挥你的特长吗?

   A. 是的 B. 很难,或者完全没有

6. 支持你每天工作的动力是什么?

   A. 我要成就事业 B. 没有办法,需要生存

7. 你明确你未来的发展方向吗?

   A. 基本明确 B. 不明确,或者很难说

8. 你有在脑子里计划过未来 3~5 年的自我发展目标吗？

A. 有　　B. 没有，或者记不清楚了

9. 你现在从事的工作算不算是你人生的事业？

A. 当然算　　B. 不算，或者很难说

10. 如果现在你有重新选择职业的机会，你会怎么做？

A. 重新选择　　B. 不会，或者很难回答

11. 你会借鉴别人的经验来确立自己的就业方向吗？

A. 会，吸取教训或者借鉴成功　　B. 不会，或者根本没有意识到

12. 你会因为最近一次的加薪或升职名单里没有你，而考虑辞职吗？

A. 不会　　B. 会，或者要看具体情况

13. 现在从事的工作在公司举足轻重吗？

A. 是的　　B. 不是，或者很难说

14. 在工作中，你能找到属于自己的乐趣吗？

A. 多少有一点　　B. 一点都没有

15. 你认同所在企业的企业文化吗？

A. 认同　　B. 不认同，或者说不清楚

16. 你渴望自己通过努力获得更高的职位吗？

A. 当然有　　B. 没有，或者没想过

17. 在公司的人际关系中，你具有一定的影响力吗？

A. 是的　　B. 没有，或者不清楚

18. 外出办事，你是否会认为自己的办事风格代表的是企业的形象？

A. 是的，一直很注意　　B. 没有，或者不一定

19. 你会找机会跟上级或下级谈心，及时了解他们的想法吗？

A. 会，希望了解他们的心理，来更好地开展工作

B. 不会，或者没想过

20. 你认为自己的命运跟企业的命运是联系在一起的吗？

A. 是的　　B. 不是，或者很难说清楚

【评分标准】

以上题目，选A得1分，选B得0分。计算总得分。

【心理分析】

0~6分：无工作目标

典型的为生计而工作的人，你认为工作的意义就在于每个月领工资回家糊口。从没有想过把工作当成自己的事业来做，更没有计划和目标。也许在工作上能应付得了大部分事情，但是缺乏主动性，没有自主意识。因为缺乏主动性，没有人会更多地意识到你的成绩，如果遭遇裁员，你可能首先被安排出局。

7~13分：有短期目标

你会有不切实际的想法，总希望有人能在事业上助你一臂之力。你经常会为眼前利益所迷惑，忘记你最初有过的目标，你缺乏的是适合你的长远目标，以及为此目标奋斗的决心和毅力。你会认为很多时候自己不能很好地把握命运以及事业的方向。

14~20分：有明确目标

你是职场里最有主见的人，明确自己工作的重点，知道自己在为什么奋斗。你的工作绝对不是单纯地为了赚钱，而是你事业的支撑点。你会为了你的目标而奋斗。你工作中的积极进取会让你获得更多的升职和加薪的机会。你是能在工作中主宰自己命运的人。

你目前的工作有发展前景吗

有时候，很多人会觉得自己的前途特别灰暗，有些消沉，却不知道自己的消极情绪会影响自己的发展。你也曾为此而困惑过吗？

你是否也想知道自己的工作前景如何呢？做下面的测试，来看看你的事业发展前景吧！

【游戏测试】

假如你在喝饮料，那么你握杯子的手势可能是什么？

A. 拿着杯子的上方　　B. 握着杯子的中间
C. 握着杯子的底部　　D. 双手握杯子
E. 边喝边摇晃杯子　　F. 一手拿杯子，一手看资料

【心理分析】

选A：看得出来，现在的你积极乐观，对前途充满了自信，这源自于你工作上的努力，你的工作发展前景应该不赖。

选B：因为你的适应能力超强，待人接物彬彬有礼，做事有条理，表现出优秀的综合能力，你总被上司赏识，晋升只是时间问题啦！

选C：你很有艺术家的气质哦。你有些神经质，会为小事伤脑筋，却对很多事物有异于常人的观察力和创造力。所以，如果你从事的是艺术类的工作，前景不可限量呢！

选D：不喜欢孤独，却又害怕两个人相处，是你的典型情状。你害怕社交，公司的活动从来不参加，其实大家都对你颇有微词呢，要多加注意，以免影响你的事业。

选E：你非常聪明好动，乐于参加社交活动，有团队合作精神，对新鲜事物的学习能力很强，研究精神很足。这样的你，怎么可能没有美好的未来呢？

选F：自信的你会在事业上宏图大展，只是，要培养自己对工作的兴趣才容易出成绩呢，切记。

你的职场优势是什么

每个人都有自己的职场优势,所不同的是,有的人清楚地知道自己的优势,并加以利用,因此在职场中顺风顺水。而有的人却根本就不知道自己的职场优势是什么,更别提对其加以利用了。你知道自己的职场优势吗?如果不知道,就来做一个简单的测试吧!

【游戏测试】

你参加了世界景观惊奇之旅,其中一项活动是让你站在一扇特殊的窗户前面,按下某个按钮之后就可观赏到你从未见过的景观,你希望看到的是什么景观?

A. 充满挑战的崎岖山路 B. 任何和食物有关的景色

C. 一片绿油油的草原风光 D. 海天一线的远眺美景

E. 任何和树木有关的景色 F. 繁星点点的黑夜

【心理分析】

选 A:目标坚定,勇往直前。带着一点冷峻的孤傲,双眼闪烁着智慧的光芒,以曼妙飞跃之姿,向目标勇往直前地奔去。你是集智慧和行动力于一身的千里马,有着明显的成功特质,因为你早已为自己的人生定好完美的目标,并且会全力以赴去实践。所以,无论你身处什么样的环境,都能有一番令人羡慕的成就。

速配志愿:既然老天给予你得天独厚的成功条件是智慧和执行力,那就好好地加以利用吧!适合你发展的领域是计算机、贸易、金融、出版、新科技等。

选 B：以快乐为目的。你不懂什么是竞争、压力……你觉得自己只是在做一些自己想做的事而已，即使和周遭的人格格不入，你也无所谓。你的人生哲学就是："精神重于物质，快乐就好。"

速配志愿：你无法在讲求规则、追求业绩的体制下发展，不但你会不适应，身边的人也会因为你而崩溃，所以适合你发展的领域是创意、艺术、室内设计、美容、烹饪等。

选 C：脚踏实地，勤劳第一。在缓慢而节奏固定的步伐里，落实终其一生努力工作的目标。你的性格特质就是勤奋和规律地计划，你从来不妄想、不贪婪，只要把分内的工作完成，就觉得愉悦满足。你的执行能力很强，而且还有难能可贵的责任感。

速配志愿：若要你无中生有或想一些稀奇古怪的点子，可能会让你觉得很难，可是如果要你完成别人交付的工作，感觉就好多了。你适合发展的领域是秘书、行政、教育、专业技术等。

选 D：自由自在，追求新鲜。拥有自由的行动本能和不受拘束的心，历经所有的苦难、喜悦、悲伤、感动之后，才满足于完整的一生。你的反应力甚佳，社交能力更是一级棒，不喜欢规律或拘束的生活方式，如果能每天接触不同的新鲜事或认识不同的朋友，会让你的人生更有意义。

速配志愿：用你与生俱来的好口才和公关能力，为自己和世界创造更多的可能性。适合你发展的领域是传播、演艺、推销员、公关、旅游等。

选 E：聪明但没耐性。头脑灵活，表面上看来好像成天只会玩耍，但内心的思绪极为复杂，分分秒秒都在为下一步打算。说你是智能型的人物一点也不为过，你总是擅用自己的优势，让别人不自觉地喜欢你、欣赏你、肯定你，虽然有时候会在不经意间显露出不耐烦的一面，但是却无损于你在大家心目中的好印象。

速配志愿：以你的智慧和能力，想成为金字塔顶端的人并不难，适合你发展的领域是新闻、医学、法律、政治等。

选F：忽冷忽热，超级情绪化。你那犀利的眼神仿佛能看透别人拙劣的虚假面具，时而贪恋稳定，时而厌倦一成不变。你对人总是忽冷忽热，一会儿热情、一会儿爱答不理，凡事都依你的心情而定，虽然有时也会被对方的情绪影响，但机会毕竟不多。你活得自我，所以做事情不喜欢被干扰，掌控权必须在自己手上。

速配志愿：千万不要让别人指挥你，最好由你来告诉别人"这个会如何""那个会怎么样"的职业比较适合你，所以适合你发展的职业是占卜师、心理分析师等。

你适合在什么样的环境中工作

我们所有人，无论处在事业的什么阶段，从事着何种作，都必须反思自己目前的工作环境是否适合自己。这个问题没有标准答案，当然也没有能适用所有人的完美的工作环境。我们每个人都需要认清哪种工作环境能给我们最好的机会去做最好的工作。

【游戏测试】

你正身陷逆境，有位朋友来好心相劝。可是，他（她）的话不但没有起到安慰你的作用，反而让你非常反感。朋友究竟对你说了什么会这样呢？

A. 你还需要再加把劲儿，加油吧！

B. 好可怜啊，我真同情你，心里肯定不好受吧。

C. 身处逆境的不只你一个人，大家都一样。

D. 胜败乃兵家常事，别灰心。

【心理分析】

选 A：对员工的勤奋努力给予充分肯定的公司，其工作环境最适合你。你已经在埋头苦干拼命工作了，如果还听到别人让你"再加把劲儿"的话，你就会抱怨"我还要怎样努力呢"。这样的你，适合进入那些能够对你的工作给予客观评价，对你的勤奋给予充分肯定的单位，比如：政府机关、银行、学校、各项制度比较完善的公司等。

选 B：适合从事能够自己做决定的自由职业。你一直很要强，不想在别人面前暴露自己的弱点。听到"令人同情"之类的话时，你觉得这是对你的侮辱。这样的你，适合从事那些可以自己做决定，自己负责的工作或者是自由职业。行业方面没有什么限制，只要能得到相应回报的工作，就能激发你的干劲儿。

选 C：富有创造性，尊重员工个性的公司，其环境最适合你。你希望自己的个性以及创造力能够得到别人的认可。因此，听到"大家都一样"这样的话时，你会觉得"自己的能力没有得到别人的肯定"。这样的你，适合在那些尊重个性与创造力、尊重个人见解的公司的环境中工作，如出版、广告等富有创造性的行业或者经营装饰品行业等。

选 D：肯定工作业绩的营业部门最适合你。你希望自己的工作成果得到他人的认可与赞赏，你不想面对失败。安慰的话最伤害你的自尊心。完成某项任务，创造某项成果时，你希望能够得到肯定，因此，你适合在营业、销售、保险、外勤以及看重个人形象的美容行业工作。

让你保持工作激情的因素是什么

工作的激情是一个人工作的动力之源，是走向成功的加速器，能够使一个人的生命时刻处于锐意进取的状态当中。但是，每个人保持工作激情的原因各有不同，通过小测试看看什么因素能让你保持工作激情。

【游戏测试】

自古以来，爱情都让人痴迷，有很多关于爱情的凄美传说，都让人动容不已，如美人鱼为了爱情而牺牲了发声的权利；罗密欧和朱丽叶则为了爱情付出了他们宝贵的生命。如果换作是你，为了尝到爱情的滋味，你愿支付的最高代价会是下面的哪一种呢？

A. 部分寿命　　B. 牺牲智商
C. 贫困度日　　D. 众叛亲离

【心理分析】

选A：你总是期待生命中不断出现惊喜，你宁愿带着鲜活的生命力过一天，也不愿意日渐干枯地过一年。在工作上你的表现也会是如此，你最看重的是能够得到自由发挥的空间和主动权，而不是更高的职位和待遇。

选B：你是典型的老黄牛，你会把自己全部的热情和精力奉献给公司，毫无怨言。但是这样做的前提是，必须有上司能够赏识你，认可你的能力和努力。如果缺乏这一点，你会觉得自己忙活却没有人看到，你的动力就会减弱，你的工作效率也就减半了。

选C：你比较在意的是自己的权益和切身利益，公司的福利制度可能是你最关心的，这样的你显然只是把工作看作是一种谋生的手段，一旦福利待遇没有了，或者达不到你的要求，那你也就失去了工作的动力，激情完全熄火了。

选D：或许是童年的某种经历和生活体验给你留下了心理阴影，导致你非常缺乏安全感。而你现在从事的工作也许无法满足你的需求，让你感到没有稳定感，担心失去工作，担心公司随时倒闭。所以，外界一点点的风吹草动都会影响你，让你不能专心地工作。除非你看到了赚大钱或是成功的希望，否则很难调动你的激情。

你在职场中有亲和力吗

在工作中我们经常会与不同的人打交道，那为什么有些人能很容易受到欢迎，而有些人却不受人待见？这是一个亲和力的问题，你在职场中有亲和力吗？想知道答案，就完成下面的测试吧！

【游戏测试】

1. 近期工作很多，你的下属却在此时提出请假，而且是因为私人的事情（对他来说很重要），你会怎么做呢？

　　A. 由于太忙，不予批准

　　B. 告诉他你很想帮助他，但现在实在是太忙了

　　C. 给他一定的时间，让他安心处理好事情，并尽可能地给予帮助

2. 假如你是刚上任的部门经理，你会怎样处理与下属的关系呢？

　　A. 公是公、私是私，不与下属有过多私人交往

　　B. 新官上任三把火，对下属严格要求，树立自己的威信

　　C. 主动与下属交朋友，参加集体活动

3. 作为经理，在实施重要计划之前，你认为应该注意什么？

　　A. 先取得下属赞同　　B. 自己要有魄力决定一切

　　C. 应该由下属决定一切

4. 你对下属的看法是什么？

　　A. 对能力较差的下属应多监督　　B. 应亲近能力较强的下属

　　C. 应以平等的态度对待每一名下属

5. 如果你是位经理，你的下属大卫生病请假了，你会怎么做呢？

　　A. 利用业余时间去看望他，希望他早日康复

　　B. 打个电话问候一下

　　C. 一听说他生病了就去看他

6. 假如你是经理，一位下属向你献上有关提高效率的建议，他的建议是你过去已想过并打算实施的，那么，你会如何回应他呢？

　　A. 告诉他你真实的想法，但也对他给予充分的肯定

　　B. 闭口不提你以前的想法，只赞扬他的敬业精神

　　C. 告诉他这是自己早就想到的，并且正准备实施

7. 假如你是经理，你的下属在工作中出了错误，而且错误给公司带来了很大的损失，公司上层准备严肃处理，此时，你会怎么办？

　　A. 让下属认识事情的严重性，让他作自我检讨

　　B. 安慰犯错的下属，告诉他谁都可能犯错

　　C. 与下属一起思过，主动与下属一起承担责任

8. 你希望一位执拗的同事按你的建议去做，你会怎么办？

　　A. 尽量使他认识到建议至少有一部分出自他的头脑

　　B. 尽量找出他建议中的问题让他主动放弃

　　C. 说出自己建议的优点让他接受

9. 假设你是鞋店老板，有位女士来你店中买鞋，由于她右脚略大于左脚，总也找不到她能穿的鞋，你觉得应该如何解释？

　　A. "女士，你的右脚比左脚大"

　　B. "女士，你的左脚比右脚小"

　　C. "女士，你的两只脚不一样大"

10. 关于对下属进行赞扬和批评，你的看法是什么？

　　A. 对犯错的下属要严厉批评，以免重蹈覆辙

　　B. 经常赞美下属，使他们积极地工作

　　C. 慎用赞美，以免下属过于骄傲自满

【评分标准】

第1题答案为C得1分；第2题答案为C得1分；第3题答案为A得1分；第4题答案为C得1分；第5题答案为B得1分；第6题答案为A得1分；第7题答案为C得1分；第8题答案为A得1分；第9题答案为B得1分；第10题答案为B得1分；其他选择均不得分。然后，把分数相加在一起得到最后的总分。

【心理分析】

6分以下：说明你的亲和力较差。你缺乏领导者的素质，你现在应该在生活中、工作中多多培养自己的亲和力，与人为善、平易近人，都应是你的座右铭。

6~8分：说明你的亲和力一般。你也许能成为领导者，可你不会是一个优秀的领导者，但也不必气馁，在工作中你应与同事打成一片，和他们建立深厚的友谊，只要具有深厚的友谊，谁又能说你不具备亲和力呢？

8分以上：说明你具有较强的亲和力。如果你成为了领导者，你会注意与下属交往时的话语，你关心下属、勇于承担责任，你与员工之间存在着浓厚的友情，在你的领导下，团队内部气氛和谐。可以说，你会是一位受下属爱戴、敬仰和平易近人的领导。

你升职的几率有多大

每个人都想成为职场上的"杜拉拉"，一步步得到提升。可是，每个人都有缺点和不足，可能稍不觉察，这些问题就会阻碍你的升职

之路。完成下面的测试，就可以了解到底是什么阻碍了你晋升的脚步。

【游戏测试】

1. 现在为止，你工作多久了？

A. 5 年以上→请回答第 3 题

B. 5 年以下（含 5 年→请回答第 2 题）

2. 对于一份工作，你最看重的是什么？

A. 薪水福利→请回答第 3 题

B. 是否符合自己的兴趣→请回答第 5 题

C. 有无发展可能→请回答第 4 题

3. 如果你的上司比你年轻，资历也不高，你可以忍受吗？

A. 是的，可以→请回答第 4 题

B. 不，不能接受→请回答第 5 题

4. 你喜欢工作时间固定，薪水也稳定的工作吗？

A. 是的→请回答第 5 题　　B. 不是→请回答第 6 题

5. 你对加班的态度是什么？

A. 最讨厌加班了→请回答第 8 题

B. 如果有钱赚，可以考虑→请回答第 7 题

C. 工作需要，只能加了→请回答第 6 题

6. 你认为自己目前的工作时间还算合理吗？

A. 是的→请回答第 7 题　　B. 不是→请回答第 8 题

7. 你常想跳槽吗？

A. 是的→请回答第 9 题　　B. 偶尔想想→请回答第 8 题

C. 不是→请回答第 10 题

8. 你通常找工作都会听取周围人的意见吗？

A. 是的→请回答第 10 题　　B. 不是→请回答第 9 题

9. 你比较喜欢独立工作吗？

A. 是的→请回答第 10 题　　B. 不是→请回答第 11 题

10. 你认为在一个公司里跟谁搞好关系最重要？

A. 老板→请回答第 11 题　　B. 同事→请回答第 12 题

C. 直接领导→请回答第 13 题

11. 在公司，你经常赞扬领导吗？

A. 是的→请回答第 12 题　　B. 不是→请回答第 13 题

12. 如果公司对你要求非常严苛，你会如何？

A. 坚决反抗→请回答第 15 题　B. 还是接受吧→请回答第 14 题

C. 随便吧→请回答第 13 题

13. 你很喜欢自己从事的工作吗？

A. 是的→请回答第 14 题　　B. 不是→请回答第 15 题

14. 领导交给你一个任务，但是这个任务本身就有问题，你打算怎么办？

A. 还是继续做→答案 B 型

B. 找领导谈，表示自己不能接受这个任务→答案 C 型

C. 想办法，最后出色完成→答案 F 型

15. 如果你的一个小客户对你的方案提出了很多的要求，你打算怎么做？

A. 当然是马上修改→答案 A 型　　B. 随意改改→答案 D 型

C. 很讨厌这客户，拒不修改→答案 E 型

【心理分析】

A 型：阻碍你升职的原因是你懦弱的性格。你非常胆小，从来不会主动表达自己的看法。而且你瞻前顾后，思虑太多，总觉得自己的想法不成熟，不靠谱。这种思虑，导致你缺乏创意，没有想法。其实，在工作中，需要有很多自己的想法，加上诸多实践，才能成功。建议你在踏实工作的同时，多加强自信，勇敢尝试，一定会有大的收获。

B型：阻碍你升职的原因，是你的愚忠。你非常老实本分，很少违逆领导的意思，也不管领导的想法是对是错。到最后，出问题了，责任都在你了，领导不可能替你背负责任的。这样一来，别人会觉得你工作能力不强，当然不可能重视你了。

C型：阻碍你升职的原因，是领导觉得你很麻烦。为什么这么说呢？其实你工作能力超强的，但是你遇事很计较，对就是对，错就是错，就算是领导出错，你也会直接指出，从来不留余地。这样一来，领导很尴尬，而且觉得你全身都是刺。试想，这样的刺儿头，如果领导提拔了，是不是会更麻烦呢？其实，学会服从并不难，可以在服从的同时，跟领导讨论方案的可行与否。这样委婉地提出意见，领导还是可以接受的。

D型：阻碍你升职的原因是你消极的工作态度。因为你总是不能好好工作，你对自己的工作没什么热情，不会全情投入，工作效率低下。同时，你也不能从工作中提高能力，自然就不可能得到提拔了。其实，要想在事业上有建树，还是得热爱工作，然后积极付出。否则，迟早会被社会淘汰。

E型：阻碍你升职的根本原因是，目前你从事的工作根本不是你感兴趣的。所以，你表现出的就是一副很无所谓的样子。你的心态不好，自然工作就不卖力，做一天和尚撞一天钟，你苦苦地支撑，不知道还能支持多久。其实，这样是在浪费你的生命。建议你要么重新给自己定位，要么赶紧好好工作，争取一个大的发展空间。

F型：阻碍你升职的，是你高调的做事风格。虽然你有超强的工作能力，但你为人过于张扬，做什么事情都很高调，所以虽然你工作能力出众，可是领导觉得你很难"驯服"，而且因为你高傲，别人都不愿意跟你合作。即使你的个人能力再强，也是要失败的。你要收敛自己的锋芒，低调一些，职业上才会有发展。融洽的人际关系能让你天天开心，何乐而不为呢？